基金贏家

基金教母蕭碧燕

目錄

目錄

基金教母 **蕭碧燕**
基金贏家實戰

課程大綱

- Part I　　從基金成分股預估投資收益
  　　　　　　~認識基金的投資標的
  　　　　　　~查詢個別基金資訊
- Part II　　從基金評等觀察基金的績效
- Part III　　如何用基金網站選標的
- Part IV　　經濟指標對基金績效的影響
- Part V　　基金贏家必懂四大投資指標
- Part VI　　財經事件解讀基金投資風向

版本日期:2012.09

瞭解
- 獲利來源
- 風險、報酬

★從基金成分股預估
投資收益Ⅰ★

~認識基金的投資標的

基金類型－境內基金分類

類型	區別	基金數量	基金規模(元)		類型	區別	基金數量	基金規模(元)
					組合型	國內投資	0	0
股票型	國內投資	177	281,843,640,992			跨國投資-股票型	12	11,749,657,259
	跨國投資	187	290,692,409,084			跨國投資-債券型	33	75,944,366,303
	小計	364	572,536,050,076			跨國投資-平衡型	24	31,275,897,824
平衡型	國內投資	30	23,083,600,768			跨國投資-其他	0	0
	跨國投資	15	11,245,183,402			小計	69	118,969,921,386
	小計	45	34,328,784,170		保本型		0	0
貨幣市場型	貨幣市場型	0	0			小計	0	0
	小計	0	0		不動產證券化	不動產證券化	12	13,211,342,910
固定收益型	國內投資-一般債券型	1	3,326,481,415			小計	12	13,211,342,910
	跨國投資-一般債券型	26	56,707,844,460		指數股票型	國內投資	16	112,604,978,290
	金融資產證券化型	2	1,555,539,730			跨國投資	4	24,793,213,106
	高收益債券型	25	93,932,934,591			小計	20	137,398,191,396
	小計	54	155,522,800,196		指數型	國內投資	3	8,328,997,024
貨幣市場基金	國內投資	46	759,146,424,382			跨國投資	4	3,088,141,137
	跨國投資	1	237,543,680			小計	7	11,417,138,161
	小計	47	759,383,968,062		合計		618	1,802,768,197,253
					傘型基金(子基金共19支)		9	21,791,997,902

資料來源:投信投顧公會網站

截至101年6月底止

基金類型－境外基金分類（目前）

截至 2012年05月 底止，共核准 39 家總代理人、 75 家境外基金機構，1030 檔境外基金，國內投資人持有金額共計 2,275,182,183,834 元。

分類		細項		國內投資人持有總值（單位：元）
依受益人/型態	自然人			22,044,694,670
	法人	綜合帳戶		460,784,615,368
			特定金錢信託	1,757,725,965,339
			融通撥收款買賣	22,070,628,213
			其他	12,556,280,244
依基金類型	股票型			1,045,272,792,696
	固定收益型	一般型		53,072,201,428
		高収益型		556,709,229,891
		新興市場債		169,062,260,876
		其他（附件5）		370,371,716,569
	平衡型			47,683,590,170
	貨幣市場型			29,748,099,869
	組合型			0
	連動型基金（附件6）			450,667,140
	其他			2,811,625,473

分類	細項	國內投資人持有總值（元）
全球型	已開發市場	83,019,536,184
	新興市場	270,267,116,772
	混合	978,983,445,120
第一國家型（附件4）	日本	15,611,287,435
	韓國	13,042,980,975
	香港	1,178,171,644
	俄羅斯	6,343,428,981
	印度	67,445,449,639
	美國	203,773,482,205
	英國	1,537,726,458
	澳大利亞	6,714,778,340
	歐豬五國	16,916,309,507
	其他	23,700,120,845
區域型	北美	34,034,582,407
	已開發歐洲	63,758,470,728
	亞太（不含日本）	181,587,909,935
	亞太（含日本）	18,397,155,701
	日本	151,876,134
	新興歐洲	53,561,985,494
	新興拉美	112,768,620,135
	其他新興市場	6,966,134,401
	中國/大陸及香港	98,364,932,125
	其他	17,056,682,633

資料來源:投信投顧公會網站

9

依投資標的區分

- 基本款:股票型基金、債券型基金、平衡型基金、貨幣型基金、組合型基金
- 流行款:高收益債基金、新興市場債基金、產業型基金、指數型基金及指數股票型基金(ETF)
- 其他款:資產證券化基金、社會責任基金

基本款-股票型基金

■ 以「股票」為主要投資標的，依投資區域不同又可分為全球股票型、區域股票型或單一市場股票型基金。一般而言，除了股票之外，也可少量投資於可轉換公司債、認股權證或其它金融商品上。

■ 主要報酬來自於投資標的資本利得，也就是買賣股票的價差；追求的是較高的預期投資報酬，同時亦承受較高的投資風險。

■ 在市場處於多頭走勢時，漲幅大且速度快；但是一旦市場處於空頭走勢時，跌幅也會較平衡型基金或債券型基金來得深。

■ 國內投信發行的基金，有基金淨資產持有股票的比重不得低於70%之規定。

基金教母 蕭碧燕
基金贏家實戰

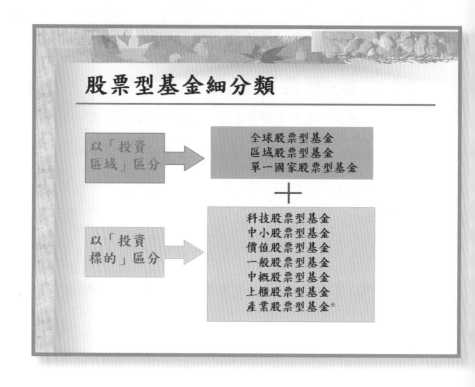

股票型基金細分類

以「投資區域」區分 → 全球股票型基金
區域股票型基金
單一國家股票型基金

＋

以「投資標的」區分 → 科技股票型基金
中小股票型基金
價值股票型基金
一般股票型基金
中概股票型基金
上櫃股票型基金
產業股票型基金 ＊

基本款-債券型基金

■ 債券型基金，顧名思義便是投資在「債券（或稱「固定收益商品」）」的基金，投資組合之加權平均存續期間須達1年以上。

■ 以債券而言，發行者可能是公司企業、政府、政府旗下機構或國際組織，而投資人購買債券的行為，就好像是借了一筆資金給發行者，發行者則承諾在債券到期日時，將本金歸還給投資人，同時在這個借款期間，發行者須按期支付利息給投資人。通常，支付利息的利率水準是固定的票面利率，這就是為什麼債券常常被稱為「固定收益投資工具」的原因；

■ 債券型基金通常以追求固定收益為目標，近來推廣的債券基金多具有定期（每月、每季或每年）配息的特色，以強調資金運用彈性高。

※以後有債券專章介紹

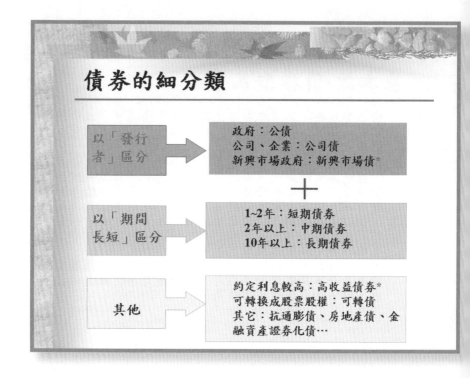

債券的細分類

以「發行者」區分 ➡ 政府：公債
公司、企業：公司債
新興市場政府：新興市場債※

＋

以「期間長短」區分 ➡ 1~2年：短期債券
2年以上：中期債券
10年以上：長期債券

其他 ➡ 約定利息較高：高收益債券※
可轉換成股票股權：可轉債
其它：抗通膨債、房地產債、金融資產證券化債…

基本款-平衡型基金

- 同時投資於股票及債券兩種標的之基金，強調可由基金經理人依市場狀況，機動調整其股票及債券投資比例，以達成追求長期穩健報酬之投資策略。
- 通常股票之持股部位介於基金規模70％ ~ 30%之間。
- 依投資區域不同又可分為全球平衡型、區域平衡型或單一市場平衡型基金。

基本款-貨幣型基金

- 以到期日較短(通常低於一年)、流動性較佳的貨幣市場投資工具為主要投資目標,如銀行存款、附買回交易、短期債券及短期票券-可轉讓定期存單、商業本票、銀行承兌匯票;投資組合之加權平均存續期間不得大於180天。

- 主要功能是提供資金短期停泊。

- 國內投信發行的基金,有銀行存款與附買回交易之比重不得低於70%之規定。

- 依投資區域不同又可分為全球貨幣型、區域平衡型或單一市場貨幣型基金;依計價幣別又可分有美元貨幣型、日元貨幣型…。

基本款-組合型基金

- 「Fund of Funds」；又稱「基金中的基金」，亦即以其他共同基金為投資標的基金。
- 訴求由基金經理人挑選基金，可分散單一經理人的風險，也可減少投資人選擇基金的困擾。
- 強調可藉由資產配置的方式投資於不同區域、國家以及特質的子基金，投資標得更分散，風險也更分散。
- 一般又可區分為股票型組合基金、債券型組合基金、平衡型組合基金。

實例:○○投信三檔組合基金

基金名稱	投資策略/方針
A基金 (保守)	投資於債券型基金及貨幣市場基金部分,每季平均不得低於本基金淨資產價值之百分之六十(不含本數),且其中投資於貨幣市場基金部分,每季平均不得高於本基金淨資產價值之百分之四十(不含本數)。
B基金 (穩健)	投資於股票型基金部份,每季平均不得低於本基金淨資產價值之百分之十(不含本數),亦不得高於本基金淨資產價值之百分之七十(不含本數)。
C基金 (積極)	投資於股票型基金部分,每季平均不得低於本基金淨資產價值之百分之六十(不含本數),且投資於貨幣市場基金部分,每季平均不得高於本基金淨資產價值之百分之二十五(不含本數)。

基金知識小學堂

- Q:基本款基金風險與報酬?
- A:

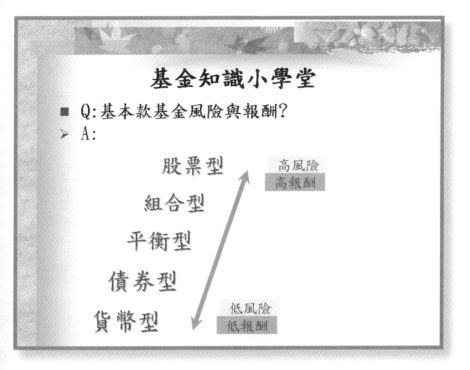

股票型

組合型

平衡型

債券型

貨幣型

高風險
高報酬

低風險
低報酬

流行款-高收益債基金

■ 債券型基金的一種；主要投資於非投資等級債券或可轉換公司債的基金，與景氣連動性高;因景氣好轉、企業違約率降低產生收益之增加。

■ 高收益債券又稱「垃圾債券」，但因垃圾債券容易讓人聯想到倒閉、高違約風險等，因此，市場又將高收益債改稱為「投機等級債券」、「非投資等級債券」，直到近幾年，隨著金融市場開放，市場才將這些債券改稱為「高收益債券」。

■ 一般來說，高收益債券指信用評等較差的公司所發行的債券，通常為標準普爾信評BBB-（不含）以下的公司， 或穆迪信評Baa3（不含）以下的公司。

流行款-新興市場債基金

- 債券型基金的一種；主要投資於亞洲、拉丁美洲、東歐、中東非等新興市場中國家所發行債券的基金。包括政府債券及公司債，其中又以政府發行的債券為市場上最為流通之標的。雖具爆發性獲利機會，但波動風險也較劇烈。

- 目前市場上類型依其主要投資標的、計價幣別可分為美元計價主權債、當地貨幣計價主權債、新興市場公司債。

流行款-產業型基金

■ 以某特定產業為主要投資標的的基金,常見的類
型有科技產業基金、公共事業基金、原物料基金
(如:礦業基金、黃金基金、能源基金等)等;屬
股票型基金的一種。

■ 因投資標的集中於單一產業,受到個別產業或產
品的週期性、政府政策法令及產業競爭力等因素
影響大,因此波動性較一般股票型基金高,相對
的獲利爆發性也較高。

基金知識小學堂

- ■ Q:何謂黃金基金?
- ➢ 以投資開採金礦及其相關產業的公司股票為主要標的,而非直接投資於黃金。

- ➢ 有些黃金基金也會投資於其他貴金屬、基本金屬及礦業等相關類股。

- ➢ 基金表現與黃金價格息息相關;影響黃金價格因素有市場供需、美元匯率、各國央行黃金庫存、戰爭與通膨。

- ➢ 黃金價格與股價關聯性不高,有時甚至呈現反方向關係。

基金教母**蕭碧燕**
基金贏家實戰

基金知識小學堂

■ Q:何謂能源、天然資源/原物料基金?

➤ 能源基金:以生產、加工及銷售能源(如石油、天然氣、電力)等相關類股為投資標的的基金(<u>替代能源、再生能源、綠能基金</u>)

➤ 天然資源/原物料/礦業基金:以銅、鐵、媒..等礦產及木材等天然資源類股為投資標的的基金(<u>水資源基金</u>)。

➤ 能源vs資源基金:資源基金能投資的範圍較廣,不只可以投資能源、礦業公司股票,投資範圍也可加上農產品,也就是所謂的「軟性」原物料。

流行款-指數型及指數股票型基金

- 相同點：皆採取被動式管理策略，以追蹤某一股價指數的績效表現為目標；依照所欲追蹤的大盤指數成分股及其所占的權重，建構出一個能模擬大盤指數績效表現的投資組合。就是把指數變成一檔可以買的基金。

- 不同點：指數型基金投資方式如同申購一般開放型基金；而指數股票型基金（ETF）則是在證券交易所掛牌交易。

- 優點：基金持股透明、免除投資人選股煩惱、管理策略不會因基金經理人撤換而有不同、掌握指數趨勢及可預測基金表現。

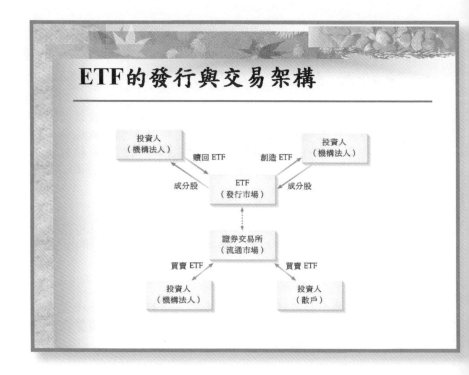

ETF的發行與交易架構

參考：一般基金風險等級歸類

風險報酬等級	投資風險	適合投資人屬性	主要基金類型
RR1	低	保守、穩健、積極	■貨幣型基金
RR2	中低	保守、穩健、積極	■已開發國家政府公債債券型基金 ■投資等級（註1）公司債券基金 ■複合債券基金（註2） ■全球型債券基金（註2） ■新興市場債券基金（註2） ■絕對報酬債券基金（註2） ■金融資產證券化基金（註2）
RR3	中	保守、穩健、積極	■平衡型基金 ■新興市場債券基金（註2） ■全球型債券基金（註2） ■高收益債券基金 ■複合債券基金（註2） ■絕對報酬債券基金（註2） ■金融資產證券化基金（註2） ■全球型或已開發國家之公共事業、電訊等產業類股型基金 ■一般全球型股票基金（註3）

| RR4 | 中高 | 穩健、積極 | ■非一般型的全球型股票基金（註3）
■已開發單一國家或區域型股票基金
■亞洲、大中華區域型股票基金（註3）
■國內一般股票型／價值型股票型基金（註3）
■不動產證券化型基金（註5） |
| RR5 | 高 | 積極 | ■除一般股票型／價值型股票型基金之外的國內股票型基金
■新興市場單一國家或區域型股票基金
■產業類股型基金
■不動產證券化型基金（註5） |

註1：投資等級債券：指經Standard & Poor's Corporation、Moody's Investors Service、Fitch Ratings Ltd.、中華信用評等股份有限公司及英商惠譽國際信用評等股份有限公司台灣分公司評定其債務發行評等為BBB級（含）以上者。

註2：依其主要投資標的債信或其平均債信評等訂定風險等級分類，如投資等級債券屬RR2、非投資等級屬於RR3。

註3：該基金在台大教授績效評比，理柏（Lipper）或晨星（Morningstar）基金類別中屬於一般全球型股票基金、國內一般股票型、國內價值型股票型、大中華或亞洲區域者。

註4：組合型基金、投資指數股票型基金，投資指數型基金，按其主要投資基金標的或指數追蹤標的的風險等級分類。

註5：投資標的為全球型或已開發國家的不動產證券化有價證券則列為RR4，餘為RR5。

※上列分險級別是一般性的原則歸類，並非絕對※

- 瞭解基金實際投資區域與標的做正確選擇
- 避免投資標的重覆

2

★從基金成分股預估投資收益Ⅱ★

~查詢個別基金資訊

如何取得基金資訊管道

- 市場資訊網站：鉅亨網、、Stock Q、基金公司網站

- 基金資訊網站：
- ➢ 投信投顧公會網站：提供境內、境外基金相關資訊
- ➢ 境外基金資訊觀測站：提供總代理人資訊、基金總覽、基金基本資料、銷售機構查詢、淨值及公告訊息及投資人須知等
- ➢ 基金績效評比網站：理柏**Lipper**、晨星**Morningstar**及嘉實資訊
- ➢ 其他：Funddj、公開資訊觀測站

如何關心投資基金

- 公開說明書/投資人須知：投資前了解投資標的、投資範圍是否適合自己
  （基金的投資標的及政策、風險種類、保管銀行、基金股別類別、申贖作業等規定、投資相關費用投資限制規定）

- 基金月報或DM：了解基金持股(投資國家、產業比重)、經理人操作策略等

- 績效、對帳單：查看投資報酬結果

基金教母 蕭碧燕
基金贏家實戰

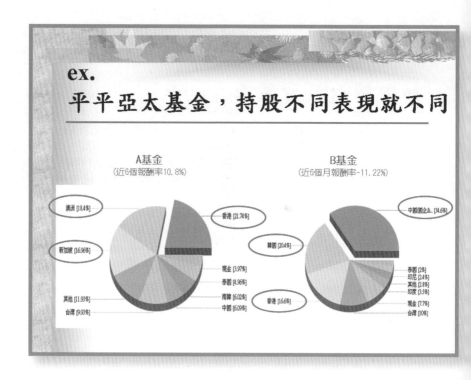

3 從基金評等觀察
基金的績效

基金報酬率常用評估期間

■ 目前評估基金績效慣用的期間包括：過去一個月、三個月、六個月、一年、二年、三年、五年及自今年以來等8個評估期間。

■ 一般來說，基金績效評估期間在一年以內，稱為短期績效；三年為中期績效，三年以上則為長期績效。

■ 短期績效展現的是基金經理人的操作策略是否能盯住最近的市場走勢；中期及長期績效展現的則是基金經理人操作基金的基本理念、能力及操作一致性。

慣用的基金評鑑機構及指標

- 理柏Lipper：提供境內、外基金之報酬率、風險指標數字及績效評級。

- 晨星Morningstar：提供境內、外基金之報酬率、風險指標數字及績效評級。

- 台大教授版本：提供境內基金之報酬率及風險指標數字。

- 基智網Funddj：提供境內、外基金之報酬率及風險指標數字。

國際慣用的基金評鑑機構及指標

國際知名機構	評等/評鑑指標
晨星 (Morningstar)	星號評等
理柏 (Lipper Leader)	Lipper Leader

晨星Morningstar

- 晨星（Morningstar）成立於1984年，是美國最主要的投資研究機構之一，也是國際級的基金評等機構，專為投資人提供專業的財經資訊、基金及股票的分析及評等，也是目前國內較常被引用的基金績效評比數據之一。

- 如何查詢：上投信投顧公會網站首頁，點選網頁左側的「產業現況分析」，在「境內基金」或「境外基金」的畫面之下，下拉至「基金績效評比」，點選「晨星版本」，再選擇所屬基金類別查詢即可；或直接至晨星公司網站http：//www.morningstar.com查詢。

晨星Morningstar (續)

■ 基金分類:根據每檔基金實際持有的投資標進行分類;晨星的基金大分類有股票型、產業股票型、股債混合配置、債券型、可轉債、貨幣市場、商品、房地產直接、房地產間接、替代性投資等10大類,細部分類則有292種組別。

■ 以股票型基金為例,又可依投資區域細分為環球、區域型、單一國家等類別;或依股票的資本額區分為大型股、中型股、小型股;以及依股票屬性區分為價值型、成長型、還是兩者混合的平衡型。

晨星(Morningstar)星號評級

- 用星號給予評級。
- 每一類型至少要有五檔基金。
- 每月排名。
- 僅給予成立三年以上的基金星號評等。
- 如基金成立較久，亦將基金五年、十年績效納入考量。
- 考慮「風險貼水」，並將時間計入加權調整。

晨星(Morningstar)星號評級意義

	成立三年，未滿五年之基金	成立五年，未滿十年基金	成立十年以上基金
★★★★★	三年績效排名前10%	排名佔同類比率同左， 五年績效佔60%， 三年績效佔40%	排名佔同類比率同左， 十年績效佔50%， 五年績效佔30%， 三年績效佔20%
★★★★	三年績效排名10%-32.5%		
★★★	三年績效排名32.5%-67.5%		
★★	三年績效排名67.5%-90%		
★	三年績效排名後10%		

晨星(Morningstar)績效計算

- 將各基金報酬與無風險報酬(90天期國庫券利率)相較後,再比較同一風險下各基金相對同類型其他基金的排名。
- 考慮基金下檔風險。
- 採用調整風險後收益衡量標準(MRAR)。
- 針對擁有連續36個月或以上的基金提供三年、五年及十年的星號評級,再依這三個年期的加權評級結果計算綜合評級。

理柏(Lipper Leader)

- 理柏（Lipper）公司成立於1973年，為國際性的基金研究及分析機構，基金資訊涵蓋全球60個國家和地區，並為35個國家地區所認可的基金提供免費的理柏基金評級服務，也是目前國內較常被引用的基金績效評比數據之一。

- 如何查詢：上投信投顧公會網站首頁，點選網頁左側的「產業現況分析」，在「境內基金」或「境外基金」的畫面之下，下拉至「基金績效評比」，點選「理柏版本」，再選擇所屬基金類別查詢即可。或直接至理柏網站http：//www.lipperleader.com查詢。

理柏(Lipper Leader) (續)

- 基金分類:理柏分類原則是從基金投資的資產類別來分，即股票、債券、混合型（股票＋債券）、貨幣市場、不動產等5大類。

- 在股票部分又可細分為全球型、區域型及單一國家。此外，理柏是從基金公開說明書上所載明的投資區域、國家或投資組合去做合適類別的分類，而不是從基金的名稱去判別基金類別，例如富達基金–東南亞基金，基金名稱雖有東南亞，但投資不是只有東南亞國家，因此被理柏分類在「亞洲太平洋（日本除外）股票」此一類別中。

理柏基金評級(LIPPER Leader)

- 每月計算。
- 同組別至少要有五檔以上基金才排名。
- 按三年、五年、十年及整體表現計算評級。

Lipper Leader評級的三大項目

- 總回報評級(Total Return)
- 穩定回報評級(Consistent Return)
- 保本能力(Preservation)

簡單來說，總回報只看基金績效表現，不考慮 風險，適合風險承受度高、積極型的投資人；穩 定回報則著重基金的穩定性，適合風險承受度中 等，追求穩健的投資人；保本能力則是基金保持 投資不虧損或低負報酬的能力，較適合不能承受 高風險的保守型投資人。

三項評級皆可獨立使用或同時運用!

Lipper Leader評級

	排名
Lipper Leader 5級	領先的20%
4級	21%~40%
3級	41%~60%
2級	61%~80%
1級	最後20%

Lipper於2007年11月修改評級系統,由原先1級(最好)改為5級(最好)

Lipper Leader-總回報評級

- 總回報係指扣除所有費用項目及包括股息再投資後所得之淨回報。
- 反映基金相對同組別內的總回報表現。
- 適合追求最佳報酬,不計風險的投資人。
- 不適合希望避免下跌風險的投資人。
- 追求較低風險投資人,可將總回報評級與保本能力評級或穩定回報評級一併考量,同時衡量風險與報酬。

Lipper Leader-穩定回報評級

- 反映基金相對於同類型經風險調整後的回報。
- 同時考慮調整短期及長期風險。
- 以**effective return**為計算基準。
- 適合追求逐年表現相對同類型基金更為穩定的投資者參考。
- 具高波動性類別的基金，即使在穩定回報評級中獲得Lipper Leaders也未必適合追求短期投資報酬或風險承受度較低的投資人。

Lipper Leader-保本能力評級

- 反映基金相對於同一資產類型其他基金的抗跌能力。
- 幫助投資人在不同程度的空頭市場中提供下跌風險的標準。
- 相對性而非絕對性考量。
- 保本能力為Lipper Leaders的基金亦有可能產生虧損,例如股票型基金。
- 只計算三類資產(股票/平衡/債券基金)。
- 根據近三年、五年及十年計算按月跌幅的總和。

國際基金機構評級比一比

	晨星	理柏
評核制度	星號評級	Lipper Leader
評鑑基礎	個別基金相對同組基金的風險調整後表現	總體報酬 穩定報酬 保本能力
最佳評級	5顆星	Lipper Leader(5級)
計算年期	評級每月更新 按3、5、10年和綜合(時間加權)表現評級	評級每月更新,按3、5、10年整體表現評級
考量重點	風險貼水納入考量 兼顧短中長期績效	三項指標各有功能(絕對報酬or報酬一致性or下檔風險)

使用星號評級注意事項

- 提供簡化篩選基金過程的工具。
- 過去績效不保證未來收益。
- 基金經理異動,星號評級不會隨之改變。
- 同類型基金才能比較星號評級。
- 星號多不見得風險就低,另需參考報酬率與風險指標。
- 星號評級異動不見得是基金實際報酬變差,可能是同類型其他基金表現較佳所致。

台大教授版本

■ 台大教授版基金評比指的是投信投顧公會自民國85年第2季起委託台灣大學財務金融系教授邱顯比及李存修每月定期針對國內各投信公司所發行的<u>境內基金</u>，進行績效評比。

■ 如何查詢：上投信投顧公會網站首頁，點選網頁左側的「產業現況分析」，在「境內基金」的畫面之下，下拉至「基金績效評比」，最後點選「台大教授版本」，下載之後打開。由於「台大教授版本」為Excel檔，因此可用搜尋功能輸入基金名稱快速查詢。

台大教授版本(續)

- **基金分類**:台大教授版的基金類型是依各基金投資的主要金融商品類型來分類

一、股票型
  1.投資國內
    a.科技類
    b.中小型
    c.價值型
    d.一般股票型
    e.中概股型
    f.指數股票型
    g.上櫃股票型
    h.特殊類
  2.跨國投資
    a.全球型
      i.全球一般股票型
      ii.全球資源型
    b.區域型
      i.歐洲
      ii.亞洲
      iii.大中華區
      iv.新興市場
    c.單一國家型
      i.美國
      ii.日本
      iii.其他單一國家

二、債券股票平衡型
  1.國內價值型股票型
  2.國內一般股票型
  3.跨國投資型
  4.操組操作型

三、債券型
  1.國內債券
    a.固定收益型
    b.指數債券型
  2.海外債券
    a.投資等級
      i.投資等級 - 全球型
      ii.投資等級 - 美國
      iii.投資等級 - 短期型
      iv.投資等級 - 新興市場
      v.投資等級 - 其他
    b.高收益
      i.高收益 - 全球型
      ii.高收益 - 新興市場
      iii.高收益 - 亞洲

四、貨幣市場型
  1.國內貨幣市場型
  2.海外貨幣市場型

五、組合型
  1.國內組合
  2.跨國組合
    a.股票組合型
    b.債券組合型
      i.債券組合型 - 投資等級
      ii.債券組合型 - 高收益
      iii.債券組合型 - 複合式
    c.平衡組合型
    d.其他組合型

六、保本型
七、資產證券化型
  1.不動產證券化型
  2.金融資產證券化

《公告》
《基金管理人員彙》

台大教授版本(續)

- 每月計算。
- 成立一個月即列入排名。
- 分別列示報酬率及風險指標。
- 報酬率有短中長期(一、三、六個月；一、二、三、五年；自今年以來)。
- 風險指標包括年化標差、β、Sharpe、Jensen、Treynor、Information ratio等。
- 資訊足夠，但需要投資人自行解讀。

※風險指標稍後說明。

嘉實資訊 (funddj)

- 嘉實資訊股份有限公司成立於1999年，同年3月並推出MoneyDJ理財網站，提供專業金融網路資訊，旗下基智網 (funddj) 是基金投資人及銀行理專常使用網站之一。每日針對國內、海外基金，計算投資報酬率。

- 如何查詢：MoneyDj網站
  http://www.moneydj.com/funddj。

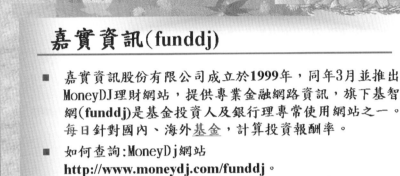

嘉實資訊（funddj）(續)

■ 基金分類：funddj的基金大分類有精選排名（投資地區＋投資標的）、投資地區、投資標的、總代理人等四種分類

※以精選排名為例，可先選擇投資地區再選擇投資類型來尋找

嘉實資訊(**funddj**) (續)

- 每日計算。
- 成立一個月即列入排名。
- 分別列示報酬率及風險指標。
- 報酬率有短中長期(三、六個月;一、三、五年)。
- 風險指標包括年化標差、β、Sharpe等。
- 資訊足夠,但需要投資人自行解讀。

※風險指標稍後說明。

基金風險指標介紹

投資看報酬,更要看風險。投資基金前,還要先
認識評比基金風險的指標。

- 評估指標1:標準差
- 評估指標2: β 值
- 評估指標3:夏普(Sharpe)指數

年化標準差

- 用來衡量基金淨值/報酬率的波動程度。

- 年化標準差愈高，表示基金淨值波動程度愈大。

- 年化標準差愈高表示報酬率的好壞差距愈大，通常平均報酬率加上兩個標準差大約是最佳狀況時的報酬率；平均報酬率減去兩個標準差大約是最差狀況時的報酬率。

貝他(Beta)係數

- β係數衡量一段期間內某基金和整體市場的相關性，即基金的市場(系統)風險，β值愈高，代表基金報酬變動與股市關連度愈高，風險也就愈大。

- β係數的絕對數值愈大，基金相對於大盤的波動程度也愈大，基金就愈有大賺大賠的特性。

夏普指標-Sharpe Index

- 經風險調整後之績效指標。基金報酬率扣除無風險報酬率（以定存利率代表），再將上述超額報酬除以基金的標準差。

- 夏普指標代表投資人每多承擔一分風險，可以拿到幾分報酬。夏普指標愈大愈好，而且夏普指標大於零，表示基金每承受一單位風險有正的回饋。

- 比方說，A基金一年報酬率為50%，年化標準差為40，夏普指標0.4；B基金報酬率為40%，年化標準差30，夏普指標0.3。以報酬率來看，A基金優於B基金，但是以標準差來看，B較A穩定，而夏普指標指出A基金單位風險的超額報酬高於B基金，所以A基金是較佳的選擇。

其他風險指標

- Information ratio ：以基金的報酬率減去同類型基金平均報酬率，再除以相減後差額之標準差。

- 簡森指標(Jensen index)：用以衡量基金績效超過其承擔市場風險所應得報酬之部分。

- 崔納指標(Treynor index)：用以衡量每單位市場風險（β係數）所得之超額報酬。

資料來源：台大教授績效評比之說明文字

4 如何用基金網站選標的

基金投資的最大要訣~挑基金

步驟1 選擇適合的基金(定時定額、單筆不同)

步驟2 看基金績效

— 看長不看短(定時定額、單筆不同,稍後分享)。

步驟3 挑投信公司

— 挑聲譽良好的公司。

— 挑研究團隊強的公司。

— 觀察管理、研究團隊及基金經理人的穩定性。

— 挑服務優良的公司。

定時定額投資最大要訣~挑基金

步驟1 <u>選擇基本面長期看好市場</u>

步驟2 <u>選積極型基金</u> (如股票型基金)

- ☐ 新興市場市場
- ☐ 區域型優於全球型優於單一國家/產業型

  ※ 單一國家/產業型基金：

  孤注一擲、風險較大，若單一市場或產業

  出現長期不振現象，投資人容易失去投資

  信心。

  ※ <u>例外：台股</u>（波動大、大家最熟悉的市場）

定時定額投資最大要訣~挑基金

步驟3 挑中長期績效好的基金

☐ 選好基金類型後，從同類型中挑出中長期績效較好的基金。原則是先長再短、永遠選前段班基金(1/2)。

☐ 第一步：先看5年或3年長期績效。例如從中小型基金中挑出5年或3年績效位於前二分之一(視基金數多寡變通)的基金。

☐ 第二步：檢視3年或2年中期績效。從第一步驟挑出的基金裏，留下3年或2年績效位於前二分之一(視基金數多寡變通)的基金。

Ps除同類類型外，要同期間、同幣別比較

定時定額投資最大要訣~挑基金

步驟3 挑中長期績效好的基金(續)

- ☐ 第三步：檢視2年或1年短期績效。從第二步驟挑出的基金裏，留下3年或2年績效位於前二分之一(視基金數多寡變通)的基金。

- ☐ 第四步：檢視1年或6個月短期績效。從第三步驟留下的基金裏，再篩選出位於前二分之一(視基金數多寡變通)的基金。

  ※若篩選出來的基金數還是太多，可以將篩選條件由「前二分之一」，改為「前四分之一」，基本上，投資人可以依基金檔數多寡靈活變通。

定時定額投資最大要訣~挑基金

步驟4 再參考風險指標

☐ 挑完績效後,再看夏普指數基或 β 值等風險指標。

☐ ex 如果有三檔同類型的績優基金,優先選擇二年期夏普值較大的;再來,還可以 β 值和標準差衡量該檔基金的波動性。

Ps尚須注意基金規模是否適當

範例一挑境內基金(從基金類型尋找)-台大版本

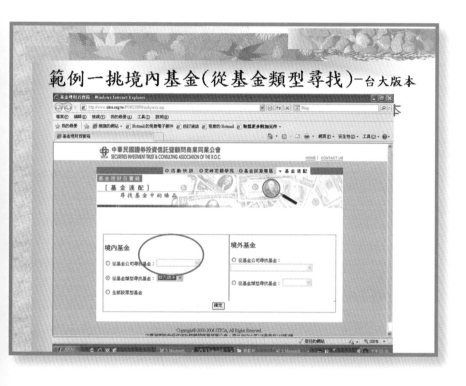

境內基金

○ 從基金公司尋找基金： [_____ ▼]

● 從基金類型尋找基金： [台大版本 ▼]

○ 全部股票型基金

境外基金

○ 從基金公司尋找基金：
[_____ ▼]

○ 從基金類型尋找基金： [_____ ▼]

[確定]

選擇所要投資的基金類型

基金類型
(依台大教授分類方式)

股票型				
投資國內		跨國投資		
科技類		全球市場	區域型	單一國家
中小型		-	歐洲	美國
價值型		-	亞洲	日本
一般股票型		-	新興市場	其他單一國家
中概股型		-	-	-
指數型		-	-	-
上櫃股票型		-	-	-
特殊類		-	-	-

債券股票平衡型	債券型		組合型		保本型	資產證券化型
	國內債券	海外債券	國內組合型	全球組合型		
國內價值型股票型	有買回期限限制	-	-	跨國組合-股票型	保本型	不動產證券化型
國內一般股票型	無買回期限限制	-	-	跨國組合-債券型	-	金融資產證券化
跨國投資型	類貨幣市場基金	-	-	跨國組合-平衡型	-	
模組操作型	固定收益型基金	-	-	跨國組合-其他	-	

PS:債券型基金，每季評比一次。

第一步驟：挑基金
1.先設定篩選條件：例如 我要看 前1/2 基金，並依 3年 報酬率排序
　（基金績效應著重長期表現，建議篩選期間由長到短）
2.再點選基金名稱查看基金詳細資料
3.勾選加入選單，選取想要的基金
4.按確定鍵

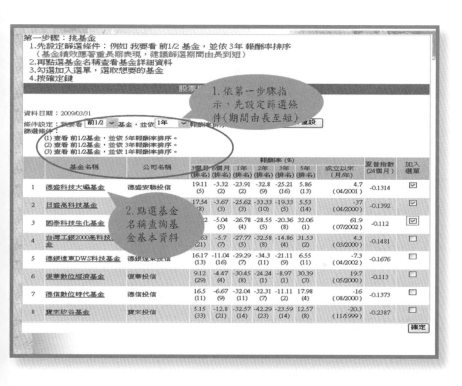

| 基本資料 | 基金公司 | 淨 值 表 | 基金報酬率 |

德盛科技大壩基金

成立日期	2001/04/03
發行公司	德盛安聯投信
基金類型	國內投資股票型
投資地區	台灣
投資標的	上市、上櫃股票、承銷股票及債券等
計價幣別	TWD
保管銀行	華南商業銀行
申購手續費	不超過2%
買回手續費	0%
保管費	0.15%
管理費	1.6%
基金規模	703,353,636
相關資訊	基金投資債券比率(週) 、 基金持有類股比率(週)

1.欲瞭解基金基本資料，請點選上述各類選項查看

2.點選基金持股比率，可更加瞭解基金持股狀況，作為選擇基金之參考值

年　　月　　公司　　　　　　基金

[98年 ▾] [5月 ▾] [德盛安聯投信 ▾] [德盛科技大嶺基金 ▾] [查詢] (......一次查詢)

*資料仍以該公司公告為準　　　　　　　　*資料...

> 瞭解基金持股狀況，若需更詳儘資料，可查詢各基金公司發布之基金月報。

股票種類	產業類股	投資...				
		第1週 2009/5/2	第2週 2009/5/9	第3週 2009/5/1...		
上市	(11)橡膠工業	3.97	3.54	-	-	
	(14)建材營造	-	2.02	-	-	
	(15)航運業	2.19	2.08	-	-	
	(17)金融保險	4.34	4.35	-	-	
	(20)其他	1.60	1.38	-	-	
	(22)生技醫療業	1.51	-	-	-	
	(24)半導體業	27.03	28.20	-	-	
	(25)電腦及週邊設備業	7.09	6.65	-	-	
	(26)光電業	24.60	27.88	-	-	
	(27)通信網路業	1.49	-	-	-	
	(28)電子零組件業	6.74	7.56	-	-	
	(29)電子通路業	2.92	2.81	-	-	
	(31)其他電子業	3.81	3.99	-	-	
	小計	87.28	90.45	0.00	0.00	0.00
上櫃	(26)光電業	2.79	2.73	-	-	
	(30)資訊服務業	2.31	-	-	-	
	小計	5.10	2.73	0.00	0.00	0.00
台灣存託憑證	小計	0.00	0.00	0.00	0.00	0.00
公開發行	小計	0.00	0.00	0.00	0.00	0.00

基金教母 **蕭碧燕**
基金贏家實戰

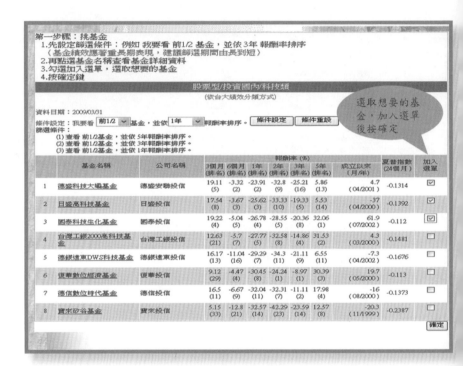

第一步驟：挑基金
1. 先設定篩選條件：例如 我要看 前1/2 基金，並依 3年 報酬率排序
   （基金績效應著重長期表現，建議篩選期間由長到短）
2. 再點選基金名稱查看基金詳細資料
3. 勾選加入選單，選取想要的基金
4. 按確定鍵

股票型/投資國內/科技類
(依台大績效分類方式)

資料日期：2009/03/31

條件設定：我要看 [前1/2 ▽] 基金，並依 [1年 ▽] 報酬率排序。 [條件設定] [條件重設]

篩選條件：
(1) 查看 前1/2基金，並依 5年報酬率排序。
(2) 查看 前1/2基金，並依 3年報酬率排序。
(3) 查看 前1/2基金，並依 1年報酬率排序。

> 選取想要的基金，加入選單後按確定

	基金名稱	公司名稱	3個月(排名)	6個月(排名)	1年(排名)	2年(排名)	3年(排名)	5年(排名)	成立以來(月/年)	夏普指數(24個月)	加入選單
					報酬率 (%)						
1	德盛科技大壩基金	德盛安聯投信	19.11 (5)	-3.32 (2)	-23.91 (2)	-32.8 (9)	-25.21 (16)	5.86 (13)	4.7 (04/2001)	-0.1314	☑
2	日盛高科技基金	日盛投信	17.54 (8)	-3.67 (3)	-25.62 (3)	-33.33 (10)	-19.33 (5)	5.53 (14)	-37 (04/2000)	-0.1392	☑
3	國泰科技生化基金	國泰投信	19.22 (4)	-5.04 (5)	-26.78 (4)	-28.55 (5)	-20.36 (8)	32.06 (1)	61.9 (07/2002)	-0.112	☑
4	台灣工銀2000高科技基金	台灣工銀投信	12.63 (21)	-5.7 (7)	-27.77 (5)	-32.58 (8)	-14.86 (3)	31.53 (3)	4.3 (03/2000)	-0.1481	☐
5	德銀遠東DWS科技基金	德銀遠東投信	16.17 (13)	-11.04 (16)	-29.29 (7)	-34.3 (11)	-21.11 (9)	6.55 (11)	-7.3 (04/2002)	-0.1676	☐
6	復華數位經濟基金	復華投信	9.12 (29)	-4.47 (4)	-30.45 (8)	-24.24 (1)	-8.97 (1)	30.39 (3)	19.7 (05/2000)	-0.113	☐
7	德信數位時代基金	德信投信	16.5 (11)	-6.67 (9)	-32.04 (11)	-32.31 (7)	-11.11 (2)	17.98 (4)	-16 (08/2000)	-0.1373	☐
8	寶來矽谷基金	寶來投信	5.15 (33)	-12.8 (21)	-32.57 (14)	-42.29 (23)	-23.59 (14)	12.57 (8)	-20.3 (11/1999)	-0.2387	☐

[確定]

第二步驟：選基金公司，點選公司名稱可查詢基金公司相關基本資料
第三步驟：勾選我要移除後按確定移除鍵，確認最後基金選單內容
第四步驟：如需更多資訊或要申購基金可點選我有興趣連結至該公司網

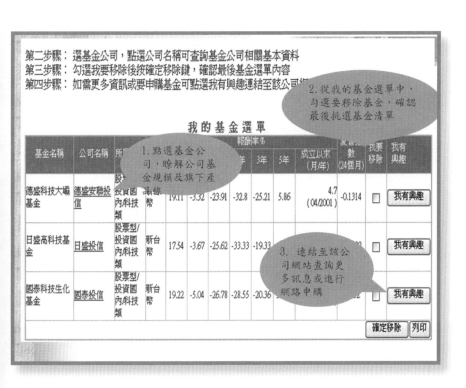

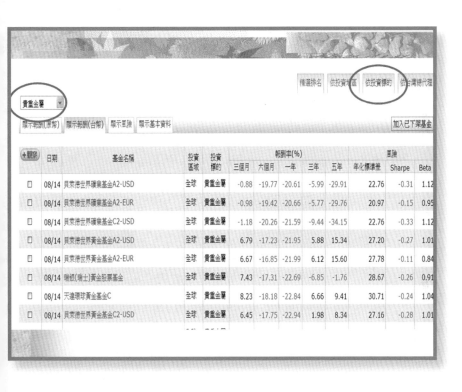

	日期	基金名稱	投資區域	投資標的	報酬率(%)					風險		
					三個月	六個月	一年	三年	五年	年化標準差	Sharpe	Beta
☐	08/14	貝萊德世界礦業基金A2-USD	全球	貴重金屬	-0.88	-19.77	-20.61	-5.99	-29.91	22.76	-0.31	1.12
☐	08/14	貝萊德世界礦業基金A2-EUR	全球	貴重金屬	-0.98	-19.42	-20.66	-5.77	-29.76	20.97	-0.15	0.95
☐	08/14	貝萊德世界礦業基金C2-USD	全球	貴重金屬	-1.18	-20.26	-21.59	-9.44	-34.15	22.76	-0.33	1.12
☐	08/14	貝萊德世界黃金基金A2-USD	全球	貴重金屬	6.79	-17.23	-21.95	5.88	15.34	27.20	-0.27	1.01
☐	08/14	貝萊德世界黃金基金A2-EUR	全球	貴重金屬	6.67	-16.85	-21.99	6.12	15.60	27.78	-0.11	0.84
☐	08/14	瑞銀(瑞士)黃金股票基金	全球	貴重金屬	7.43	-17.31	-22.69	-6.85	-1.76	28.67	-0.26	0.91
☐	08/14	天達環球黃金基金C	全球	貴重金屬	8.23	-18.18	-22.84	6.66	9.41	30.71	-0.24	1.04
☐	08/14	貝萊德世界黃金基金C2-USD	全球	貴重金屬	6.45	-17.75	-22.94	1.98	8.34	27.16	-0.28	1.01

| | 精選排名 | 依投資地區 | 依投資標的 | 依台灣總代理 |

貴重金屬 ▼

顯示報酬(原幣)　顯示報酬(台幣)　顯示風險　顯示基本資料　　　　　　加入已下單基金

+觀察	日期	基金名稱	投資區域	投資標的	報酬率(%)					風險		
					三個月	六個月	一年	三年	五年	年化標準差	Sharpe	Beta
☐	08/14	天達環球黃金基金C	全球	貴重金屬	8.23	-18.18	-22.84	6.	9.41	30.71	-0.24	1.04
☐	08/14	貝萊德世界黃金基金	全球	貴重金屬	6.67	-16.85	-21.99	6.12	15.60	27.78	-0.11	0.84
☐	08/15	富蘭克林黃金基金	全球	貴重金屬	9.19	-24.07	-31.56	6.10	0.35	35.64	-0.29	1.47
☐	08/14	貝萊德世界黃金基金	全球	貴重金屬	6.79	-17.23	-21.95	5.88	34	27.20	-0.27	1.01
☐	08/14	德意志DWS Invest黃金貴金屬	全球	貴重金屬	7.71	-18.21	-24.77	3.4		28.55	-0.29	1.09
☐	08/14	德意志DWS Invest黃金貴金屬股票基金FC	全球	貴重金屬	6.50	-18.				16		0.90
☐	08/14	貝萊德世界黃金基金C2-USD	全球	貴重金屬	6.45	-1				28		1.01
☐	08/14	德意志DWS Invest黃金貴金屬股票基金A2	全球	貴重金屬	7.48	-18.57	-25.45	0.82	5.37	28.51	-0.30	1.08
☐	08/14	德意志DWS Invest黃金貴金屬股票基金LC	全球	貴重金屬	7.30	-18.21	-25.43	0.74	5.99	28.74	-0.15	0.91

2.點選基金名稱查詢基金基本資料

1點選期間，可進行排序

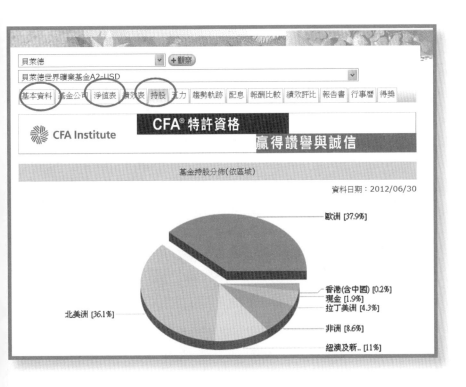

4 經濟指標對基金績效
的影響

美國重要七大經濟指標

美國重要經濟指標	發佈機構	發佈時間	觀察期間	資料來源
經濟成長率	商務部	每月21~31日	上一季	www.commerce.gov
經濟領先指標	商務部	每月20日	上個月	www.commerce.gov
全國採購經理人指數	全國採購經理人協會	每月第一週	上個月	www.napm.org
消費者物價指數	勞工部	每月15~21日	上個月	www.dol.gov
消費者信心指數	商務部	每月最後一個星期二	當月	www.commerce.gov
工業生產及產能利用率	聯準會	每月14~17日	上個月	www.federalreserve.gov
聯準會(FED)動向	聯準會	一年八次		www.federalreserve.gov

一、經濟成長率(GDP成長率)

■ 定義：

GDP，國內生產毛額，衡量一國經濟成果的指標，也是各國經濟景氣的最具體象徵。

■ 觀察重點：

1. 每一季公布一次，雖然是觀察景氣變化的落後指標，卻是一國經濟實力的最基本指標。

2. 連續三個月有無上升或下滑。

3. 未來預測值更重要，觀察各機構預測值並注意有無修正。

■ 市場反應：

GDP↑：股市↑、債券↓；GDP↓：股市↓、債券↑。

補充說明-國內生產毛額(GDP)

- 定義：

  代表一個國家境內的全部經濟活動，不論誰擁有生產資產。例如：外國公司在美國設立子公司，即使將營利匯回其位於其他國家的母公司，其營利仍是美國GDP的一部份。

- 公佈日期：

  實質GDP是每季數據，第一季的先期報告(advance)公布於四月底，其餘各季分別公佈於七月、十月與隔年的一月。對於任何一季的報告，第一次修正報告稱為「初步」(preliminary)，第二次修正報告稱為「修正後」(revised)或「最終」(final)。

補充說明-國民生產毛額(GNP)

- 定義：

  一個國家國民賺取的所得總和，不論資產的位置。例如：美國的GNP包括美國人在海外經營事業的利潤。

- 觀察重點：

  若GNP數字高過預期，表示該國投資效率佳，海外資金容易流入，其幣值自然會往上攀升。

二、經濟領先指標(Leading Economic Indicator)

■ 定義：

整合十項經濟指標(包括就業報告、工廠訂單、新屋開工、 S&P500指數、貨幣供給額、 10年公債與隔夜拆款利率差距等等) ，預測未來六到九個月經濟活動。

■ 觀察重點：

1. 一般而言，領先指標連續三個月下降，可預知經濟即將進入衰退期或擴張速度將減緩，反之，若連續三個月上升，則表示經濟即將繁榮獲持續榮景。

2. 領先指標連續三個月有無升或降。升幅或跌幅逐漸縮小代表趨勢反轉。

3. 領先指標低到最低分或高到接近最高分，會出現預測鈍化，需搭配其他經濟指標一併觀察。

二、經濟領先指標(續)

■ 注意:

1. 一般來較少關注經濟領先指標,主因十項組成因子,大多已經公布。

2. 自1952年以來,領先指標曾預測10次經濟衰退,但只有7次確實發生,可能為服務業項目較少。所以可進一步觀察十項指標是否朝同一方向變動。

3. 實際來說,經濟領先指標預測景氣高峰比預測谷底來的正確。

■ 市場反應:

領先指標↑:股市↑、債券↓;領先指標↓:股市↓、債券↑。

補充說明-就業報告(Employment)

- 定義：
1. 包括"失業率"及"非農業就業人口"
2. 失業人口是指想找工作卻找不到工作者；失業率是落後指標；非農就業人口是推估工業生產、個人所得、消費與GDP的重要依據。

- 觀察重點：
1. 失業率降低或非農業就業人口增加，表示景氣轉好，利率可能調升，對美元有利；反之對美元不利。
2. 失業與景氣循環的關係：
   景氣衰退→企業銷售下降→存貨上升→減少生產→裁員

補充說明-新屋開工率

■ 定義：

1. 新屋開工率是衡量每個月私有住宅的開工數量，是一項市場相當重視的領先指標；

2. 由於房屋購買對於一般消費者而言，是一項相當大且重要的支出，因此購屋計畫與消費者對於未來景氣狀況及經濟前景的預測息息相關。

■ 觀察重點：

1. 房屋開工對於整體經濟活動有加乘效果的影響力，因房屋的建置有助於帶動房屋相關耐久財如家具及家用品等的需求，故是一項相當重要且影響廣泛的領先指標。

2. 建築許可約領先新屋開工率一個月、領先新屋銷售約三個月。

補充說明-新屋開工率(續)

- 注意：

1. 當經濟陷入衰退時，新屋開工率是第一個下降的指標，而經濟復甦時，它也會率先回升。
2. 新屋開工率變動一般由利率變化所引起。

- 市場反應：

新屋開工率↑：股市↑、債券↓；新屋開工率↓：股市↓、債券↑。

補充說明-貨幣供給(Money Supply)

- 狹義： M1

  指民間所持有的現金加上可以開支票的存款。

- 廣義： M2

  指M1加上定期儲蓄存款。

- 台灣將M1分為M1a與M1b：

  M1a=公眾持有的現金+支票存款+活期存款

  M1b=M1a+活期儲蓄存款

三、全國採購經理人指數(PMI)

- 定義：

  針對美國採購經理人所做調查，顯示製造業景氣概況。

- 觀察重點：

1. 指數上升，美國對外採購金額增加，未來景氣可望好轉，反之則代表景氣走弱。

2. 通常以50作為經濟強弱的分界點，高於50時，被解釋為經濟擴張的訊號。如十分接近60時，則通貨膨脹的威脅將逐漸升高，此時預期聯邦準備局將採取緊縮利率政策，提高利率；若指數非常接近40時，則有經濟蕭條的憂慮，一般預期聯邦準備局可能調降利率以刺激景氣。

四、消費者物價指數(CPI)

■ 定義：

衡量一般家庭購買日常消費性商品及勞務價格變動情形，為央行衡量通貨膨脹重要觀察指標之一。

■ 觀察重點：

1. CPI持續低檔/高檔，央行會調降/調升利率。

2. CPI持續走揚，為避免通貨膨脹，央行可能會提高利率，市場擔憂Fed升息時，CPI是評估的重要指標。

3. 指數上升太多，有通貨膨脹的壓力，此時中央銀行可能藉由調高利率來加以控制，對美元來說是利多。

補充說明-生產者物價指數(PPI)

- 定義：

  主要在衡量各種商品在不同生產階段的價格變化情形。

- 觀察重點：

  指數上揚對美元來說大多偏向利多，下跌則為利空。

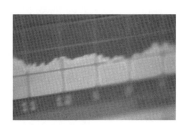

補充說明-通貨膨脹(Inflation)

- 定義：

  在一定時期物價水準全面上漲的現象及其過程。

- 影響：
  - 所得及財富的重分配
  - 資源分派的扭曲
  - 經濟成長受組
  - 經濟穩定的衝擊
  - 社會及政治上的不安定

五、消費者信心指數(CCI)

- 定義：

  美國經濟諮商委員會(Conference Board)及密西根大學公布的消費者信心指數顯示消費者對未來景氣及消費信心的心裡預期，指標下滑會連帶影響零售業(服務業/非製造業)的表現。

- 觀察重點：

1. 美國零售業佔GDP六成，CCI高低影響市場存貨，若存貨居高不下，採購經理人指數跟著下滑。

2. 數值持續在100以下代表景氣低迷，持續下跌代表消費者對未來景氣看法不樂觀，消費意願萎縮。

3. CCI在經濟擴張期變化不太大，景氣低迷時對景氣回升有關鍵影響。

六、工業生產與產能利用率

■ 定義：

工業生產指數衡量主要工業之實質產出；產能利用率衡量廠商對設備的利用程度。

■ 觀察重點：

1. 工業生產指數高低影響投資意願,上升代表經濟步調加速,但增幅過高可能是景氣過熱,投資宜慎。

2. 產能利用率偏高代表需求大於供給,廠商有調漲價格能力,獲利提升,進一步提升投資意願；反之則有降價壓力,並影響投資意願。

七、聯邦準備理事會動向

- 定義：
1. (FED，簡稱聯準會)通常依通膨情勢及景氣狀況，制定官方決策利率(聯邦基金利率)。
2. 聯邦基金利率是FED執行貨幣政策的重要手段。
3. (FED，簡稱聯準會)態度影響利率走勢及全球資金流向，其公開市場操作委員會(FOMC)一年集會八次。
- 觀察重點：
1. 市場在開會之前會預期Fed對利率看法，進而影響股市表現。
2. Fed發表聲明內容。

補充說明-美國聯邦準備理事會(FED)

■ 美國的中央銀行,負責管理全國貨幣供需、各銀行準備金、審核各銀行的穩定性等,地位超然獨立。

■ 共分三層組織,最高為理事會,其下是12個聯邦準備銀行和各準備銀行的會員銀行。其理事會成員共七位由總統任命,並經參議院通過,任期14年。

■ FOMC則係公開市場操作政策的決定者,由十二位委員組成,其中七名係理事會之七位理事兼任,紐約聯邦準備銀行總裁為當然委員,其餘四名委員其他十一家聯邦準備銀行總裁輪流擔任。

美國景氣指標

領先指標	同時指標	落後指標
1. 製造業平均每週工時 2. 平均每週初次申請失業給付件數 3. 消費財及原料實質新接訂單額 4. 企業延期交貨擴散指數 5. 製造業非國防資本財之新接訂單 6. 民間房屋營建核准指數 7. 十年期公債與聯邦資金之利率差距 8. S&P500股價指數 9. 實質貨幣供給M2 10. 密西根大學消費者信心指數	1. 非農業部門受僱員工人數 2. 實質個人所得（扣除移轉性所得） 3. 工業生產指數 4. 實質製造業及商業銷售值	1. 平均失業期間 2. 製造業及商業存貨／銷售率 3. 製造業單位產出勞動成本指數之變動率 4. 銀行平均基本利率 5. 對工商業放款金額 6. 消費者未償分期付款對個人所得之比率 7. 勞務類消費者物價指數之變動

資料來源：The conference Board（美國經濟諮詢委員會）

研判經濟指標時.....

■ 波動較大的經濟指標(如新屋開工率、零售銷售),最好連續觀察多月以上,以判斷可能趨勢。

■ 不能僅看某一個經濟指標,除了要<u>瞭解各經濟指標的關聯性</u>外,也要將各指標描述一起參照,才可以得到一個較為明確的形貌。

■ 最好的方式是以上述的形貌,辨別出<u>景氣可能位置</u>,以及處於該景氣階段原因,以判斷因應之道。

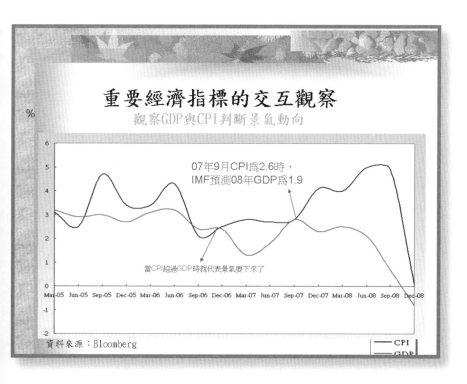

重要經濟指標的交互觀察

觀察GDP與CPI判斷景氣動向

07年9月CPI為2.6時，
IMF預測08年GDP為1.9

當CPI超過GDP時就代表景氣要下來了

資料來源：Bloomberg

CPI
GDP

101

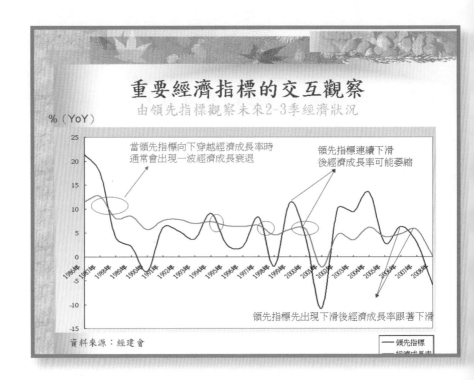

什麼是景氣循環？

F.高峰

E.擴張
後期

A.衰退
初期

B.衰退
後期

C.谷底

D.擴張
初期

➢ 經濟成長	➢ 經濟成長停滯	➢ 失業率上升	➢ 低利率政策刺激投資
➢ 消費增加	➢ 消費減少	➢ 投資停滯	➢ 企業獲利逐漸上漲
➢ 投資增加	➢ 房市股市下跌		➢ 物價上漲率低
➢ 物價穩定	➢ 利率政策反轉		➢ 股市開始上漲
➢ 利率調升			

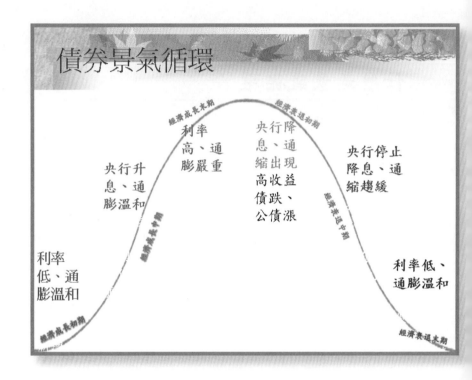

債券景氣循環

經濟成長末期

利率
高、通
膨嚴重

經濟衰退初期

央行降
息、通
縮出現
高收益
債跌、
公債漲

央行升
息、通
膨溫和

經濟成長中期

央行停止
降息、通
縮趨緩

經濟衰退中期

利率
低、通
膨溫和

利率低、
通膨溫和

經濟成長初期

經濟衰退末期

5

基金贏家必懂四大投資策略

四大基金操作策略

■ 投資必有風險，降低風險要有方法
↓
■ 評估 能力、財力、耐力 選擇適合方式

策略 I . 通用版~定時定額投資

策略 II . 加碼版~定時定額為主，單筆為輔
（定時不定額）

策略 III . 活用版~單筆投資定時定額化

策略 IV . 高階版~單筆投資

策略1.通用版~
以不變應萬變，定時定額為投資主軸

條件：

1·對基金有粗淺認識

2·會挑基金*

3·懂得正確操作方式

4·最好有固定資金來源

5·適合沒時間看市場、入門者

運用難度： ☆☆

策略 I . 通用版~
以不變應萬變，定時定額為投資主軸

步驟1 選擇基本面長期看好市場

步驟2 選積極型基金（如股票型基金）

步驟3 挑中長期績效好的基金

複習一下

步驟4 再參考風險指標

步驟5 挑公司

策略 | .通用版~
以不變應萬變，定時定額為投資主軸

勇敢進場： 零存整收，越早投資越好

耐心等待： 定期檢視，適時去無存菁　　複習
不在乎過程、只重結果　　　一下

聰明出場： 只設停利不設停損
✦ 建議報酬率：約定存N倍(一年)
掌握贖回好時機
獲利了結，滾入再投資

策略Ⅱ.加碼版~
定時定額為主,單筆為輔

條件:

1·對基金、市場有一定認識

2·加碼市場,已有定時定額投資

3·懂得正確加碼方式(空頭市場)

4·有足夠加碼資金

5·適合沒時間看市場、入門者

運用難度: ☆☆☆

策略Ⅱ.加碼版~
定時定額為主，單筆為輔

加碼方式：

- 步驟一：參考定時定額投資報酬率「設定跌幅，決定加碼時點」
- 步驟二：「按投資規模，以固定比例加碼」。
- 步驟三：「每到設定點，就紀律性加碼」。

定率加碼法

買進時點	買進金額	賣進淨值	單位數	設定每跌5%就買進
第一次	20,000	10.00	2,000.00	10*0.95=9.5
第二次	40,000	9.30	4,301.08	9.3*0.95=8.8
第三次	80,000	8.70	9,195.40	8.7*0.95=8.3
第四次	160,000	8.00	20,000.00	
合計	300,000		35,496.48	
平均成本			8.45	

107

定率加碼法(分批賣)

賣出時點	賣出金額	賣出淨值	單位數	設定每漲5%就賣出
第一次	20,000	9	2,000.00	9*1.05=9.45
第二次	40,000	9.5	4,301.08	9.5*1.05=9.98
第三次	80,000	10.0	9,195.40	10.0*1.05=10.5
第四次	160,000	10.7	20,000.00	
合計	300,000		35,496.48	
平均成本		8.45		8.45*1.05=8.88

我也想買在低點—定率加碼法(1)

參考定時定額投資報酬率，逢低佈局

操作案例：

2007/1/1	起扣A基金		
2008/10/8	報酬率-31.85		
加碼	50,000	淨值12.34	4051.86單位數
2008/11/10	報酬率-10.05		
加碼	60,000	淨值11.1	5405.4單位數
	成本110,000		9457.26單位數
2008/11/14	報酬率-10.49		
加碼	70,000	淨值10.41	6724.3單位數
	成本180,000		16181.56單位數
2008/12/3	報酬率-11.09		
加碼	80,000	淨值9.89	8088.97單位數
	成本260,000		24270.53單位數

至98/12/31贖回報酬率88.56%淨賺230,256元

策略II. 加碼版~
定時定額為主，單筆為輔

操作要點：

- 進場時-先做定時定額, 再做單筆
- 出場時-先贖單筆, 再贖定時定額
- 獲利了結後 滾入再投資

策略Ⅲ.活用版~
單筆投資定時定額化

條件：

1・對基金一定認識、對市場有把握

2・會挑基金：長期看好、波動性高

3・會判斷正確進出場點(多頭市場)

4・有充裕加碼資金

5・適合有錢、有閒，覺得定時定額
　　投資太慢者

運用難度： ☆☆☆☆

策略III. 活用版~
單筆投資定時定額化

加碼方式：

- 步驟一：「放大投資金額，一定期間內將預定投資資金佈完」
- 步驟二：「降低風險，增加扣款次數」
- 步驟三：「分散風險，增加投資標的數量」

策略Ⅲ.活用版~
單筆投資定時定額化

操作心法：

- 最適波動度高、操作困難之產業型基金，如：能源型基金
- 學富人投資：不看報酬率，要算賺了多少

策略Ⅲ.活用版~
單筆投資定時定額化

適合投資情境：

- **情境一**：「市場雖已相對低點，但不確定何時落底」
- **情境二**：「市場從谷底翻轉，且已有相當漲幅」

  ※因為一旦確定景氣復甦，通常不會只有一波行情。不過因為已經大漲了一波，你要隨時有股市短線拉回的心理準備。

- **情境三**：「手上有大筆閒置資金，覺得定時定額雖然是個好方法，但是實在太慢了！」
- **情境四**：「定時定額已到達預設報酬率(ex30%)，但市場看起來好像還會漲」

  ※可先定時定額停利，再用單筆投資定時定額化策略，打帶跑！

定率加碼法案例(2)

2012/05/08				當天台股指數7546
買進B基金	30,000	淨值18.4	1630.43單位數	
2012/05/25	報酬率-5.22%			
加碼	40,000	淨值17.44	2293.58單位數	
	成本70,000		3924.00單位數	
2012/06/06	報酬率1%			當天台股指數7056
2012/06/08	報酬率0%			當天台股指數6999

策略 Ⅳ. 高階版~
單純單筆投資

條件：

1・對基金、市場非常了解

2・會挑基金*

3・很會判斷進出場點，但不要把當股
　　票操（找長期向上市場）

4・有充裕加碼資金

5・適合有錢、有閒、很會看市場者

運用難度： ☆☆☆☆☆

單筆投資挑基金要訣

步驟1 選擇適合自己風險屬性的基金

	風險承擔	偏好	適合基金
年輕單身	高	追求報酬的極大化	積極成長型
中年、有家計負擔	中	收益與報酬率兼重	成長收益型
屆臨退休期	中低	追求資產的穩定成長	平衡、穩健型
銀髮族	低	以固定收益為主	穩健型

單筆投資挑基金要訣

步驟2 看基金績效

　　✦ 先選一年、六個月、三個月績效前1/2

　　✦ 再看Sharpe、標準差、β 等指標

步驟3 挑公司

聲譽良好的公司

研究團隊強的公司

觀察管理、研究團隊及基金

經理人的穩定性

服務優良的公司

策略IV.高階版~
單純單筆投資

投資前：　要勤作功課
　　　　　　✦學會如何判斷經濟指標(七大)*
　　　　　　✦參考季線(長)、**KD**值(短)
　　　　　　✦解讀報紙消息

進出場：　要停利更要停損
　　　　　　分批進場、分批出場

過程中：　時時檢視，適時去無存菁

單筆投資的迷思

- 現在流行什麼，就買什麼

- 十元迷思，喜歡買新基金

- 小額投資也作資產配置

- 堅持哪裡跌倒，哪裡爬起來

套牢怎辦？~定率加碼法案例(3)

- 張三從2000/1/1定時定額A基金至2012/1/1，報酬率-50%，總投入成本72萬(※未停利，結果同單筆投資)
- 李四在A基金成立時單筆投資72萬-，現今面臨-50%虧損

※張三因未停利，結果同單筆投資的李四

2012/1/1	720,000	淨值5	72000單位數	單位成本10
2012/1/1 買進A基金*	100,000	淨值5	20000單位數	單位成本8.91
2012/2/1 買進A基金	100,000	淨值4	25000單位數	單位成本7.69
2012/4/5 買進A基金	100,000	淨值6	16666.67單位數	單位成本7.63

※向下攤平時應確認A基金是否值得繼續投資

6

財經事件解讀基金投
資風向~QE1.2.3

美國量化寬鬆政策(QE)

■ 何謂量化寬鬆政策

➤ 所謂量化寬鬆貨幣政策俗稱"印鈔票"，是指一國貨幣當局通過大量印鈔、購買國債或企業債券等方式，向市場注入超額資金，以降低市場利率，刺激經濟增長。

➤ 此政策通常是在常規貨幣政策對經濟刺激無效的情況下才被採用，亦即在存在流動性限制的情況下實施的非常規的貨幣政策。

➤ 「量化寬鬆」中的「量化」指所創造的指定金額的貨幣，而「寬鬆」則指減低銀行的資金壓力。

123

美國量化寬鬆政策(續)

■實施原因及經過

➤全球金融危機爆發後，FED優先採用了利率政策，調降聯邦基準利率，至今聯邦基準利率從5.25%下調至0~0.25%區間後，利率政策已經山窮水盡。

➤事實上，在2008年發生之國際金融風暴中，美國為受傷害最深國家之一，當時FED即以寬鬆性貨幣政策，向市場注入資金，企圖挽救國內經濟，此即市場所稱之QE1，
金額約1.75兆美元。

➤與此同時，全球其他國家亦同時採行類似之寬鬆性貨幣政策，以維持對美元之利率平價。

美國量化寬鬆政策(續)

■ 實施原因及經過(續)

➤ 實施QE1後，因經濟景氣復甦速度未如預期，因此，FED於2010年11月再自市場買回6,000億美元公債，此舉形同增加6,000億美元貨幣供給。

➤ **QE、QE2**的實施使美國利率維持於低檔，美元持續弱勢，並產生大量熱錢。

➤ 但因美國經濟景氣復甦速度仍不若預期，故聯準會主席柏南克於2011年7月暗示，可能採行進一步之寬鬆政策**(QE3)**。

125

美國量化寬鬆政策(續)

■ 實施目的與目標

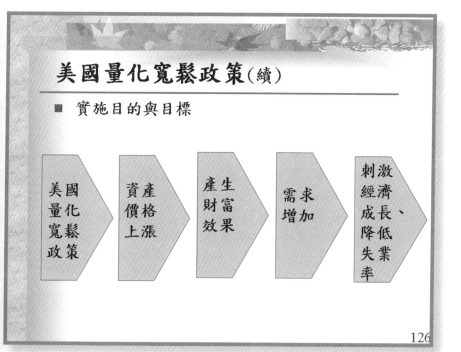

美國量化寬鬆政策 ➤ 資產價格上漲 ➤ 產生財富效果 ➤ 需求增加 ➤ 刺激經濟成長、降低失業率

126

美國量化寬鬆政策(續)

■ 實施結果及影響

➤ 經濟復甦速度不若預期，尤其面臨<u>通膨</u>及<u>高失業率</u>之衝擊，使金融市場再次呈現不穩。

➤ 另一方面，寬鬆貨幣政策使全球利率下跌至極低水準以及美元走軟局面。

➤ 由於匯率升貶值係<u>相對概念</u>，美元貶值即代表其他貨幣升值(尤其亞洲各國貨幣)。因此，美元資金自美國大量流出，成為在國際金融市場流動之熱錢，尋找獲利機會。

➤ 量化寬鬆產生的熱錢，流入亞洲新興市場及商品市場。

127

美國量化寬鬆政策(續)

- 後續觀察重點

  ➢ QE3是否實施→美國經濟成長、失業率、通膨

  ➢ QE3實施→推升新興市場股市持續向上→推升商品市場持續向上。

  ➢ 若美國不實施QE3，反開始升息→景氣復甦的提醒→資產泡沫的警告

128

財經事件的啟示

- 市場波動永遠存在，但資本市場只有循環，不會毀滅；而且，股市違反牛頓定律，落下去必定會彈回來。

- 1997亞洲金融風暴：韓股從800點左右下跌至300點左右(1919.81)；泰股從850左右下跌至200點左右(1237.19)；1998俄羅斯金融風暴：俄股從1000點左右下跌至150點左右(1436.84)；2008年美國次貸風暴：道瓊從13000點左右下跌至6500點左右(13157.97)。

- 歷史經驗告訴我們，大災難醞釀大投資機會。

- 掌握大投資機會，需要正確方向解讀與正確心態。

129

附錄

用基金買房、存到退休金
蕭碧燕 定期定額全都賺

撰文：黃嫈琪

投資基金十餘年，每一筆定期定額基金投資，她必定賺錢出場，連2008年金融海嘯都無法打敗她，她就是鼎鼎大名的「基金教母」──投信投顧公會祕書長蕭碧燕，靠著定期定額基金，她買到位於台北市忠孝東路的房子、攢到裝潢費用，更存到理想的退休金。

2004年蕭碧燕上任投信投顧公會祕書長之後，就開始四處演講，大力推動定期定額投資觀念，掀起公會辦公室一陣定期定額投資風潮，更讓許多投資人重新認識這項投資工具。計算到2010年底，她出席的演講已經超過1,400場，還曾經在31天內排了29場演講活動，被先生抱怨：「我們家有這麼缺錢嗎？」她卻這樣回答，「我們家不缺錢，但是別人家缺錢啊！」

薪水加投資
成功脫貧買下台北市黃金屋

蕭碧燕說，「我出身在一個窮困的家庭，希望幫助社會底層的人，都能像我一樣，靠正確方法脫貧、累積財富。」父母共生了7個女兒，蕭碧燕排行第6，她回憶，小時候老家住在嘉義，家裡沒錢買

攝影：楊文財

蕭碧燕
學歷：淡江大學管理研
經歷：安泰投顧理財諮
副總、彰銀安泰
企畫部及壽險通
總、國際投信企
經理、光華投信
部經理
現職：中華民國證券投
託暨顧問商業同
會祕書長

米，只能用借的；沒錢買床單，就把鄰居裁縫剩下的碎布塊拼一拼來代替。即使面臨升學壓力，也不能在晚上開燈看書，只為了要節省電費。

拮据度日的成長過程，蕭碧燕體會到錢的重要意義，「沒有錢，很多事情都不能做。那個時候，脫離貧窮是我重要的人生目標。」剛出社會時她就明白，要理財，必須有財可理，因此一面運用公務員優惠利率存款，用零存整付強迫儲蓄，同時更積極創造收入；白天當公務員，晚上回淡江大學母校當講師，假日還當起數學家教，每月硬是比一般人多領兩份薪水。

離開公職後，雖然不再有優惠存款，但投信公司的工作，讓她開始接觸基金這項工具，將每月賺來的部分收入，紀律性地

執行定期定額投資。民國88年，蕭碧燕和先生賣掉北投的舊房子，拿著700萬元現金買下位於台北市忠孝東路市價1,350萬元的房子。她笑說，「雖然買完房子，身上沒剩多少錢，心虛了一整年，但重要的是，我圓了在台北市精華區買房的夢想。」

蕭碧燕強調，一般上班族或平民家庭，可能沒辦法一次拿出300萬元快速地錢滾錢，如果換做是每月拿出3,000元做定期定額，就顯得容易多了；除了可以強迫儲蓄，更有機會創造高於市場報酬的獲利。她以親身經歷為例，鼓勵所有小額投資人，「曾經貧窮如我，也可以翻身成為中產階級，我相信每個人都一定做得到！」以下分享她操作基金的穩贏投資術。

1 選對基金》首選波動大、體質優

根據投信投顧公會的統計資料，截至2011年2月底，台灣發行的境內與境外基金數量，合計超過1,500檔。這些數以千計的基金當然不是隨便挑隨便賺，再加上定期定額屬於長期投資，若想要參與未來的上漲價值，必須選擇有長期潛力的市場。蕭碧燕挑選基金時，有以下2大原則：

原則1》瞄準波動大市場
鎖定3大新興區域股票

定期定額的優點在於能夠分散買進成本，不管市場好壞，若能執行紀律性地扣款，等累積到一定資本後，就能等待市場上漲，享受美好的獲利。蕭碧燕認為，定期定額已經是十分保守的工具，因此若要投資海外基金，建議可直接瞄準3大新

興市場的股票型基金：新興亞洲、新興東歐、拉丁美洲。如果每月能投資的錢只有3,000元，可任選一個區域，等未來資金增加後，再慢慢布齊這3個區域。

為什麼選這3大區域？除了看好它們未來的長線潛力，另一個原因則是市場波動大，投資人才有機會跟著淨值起伏，買到比較便宜的單位數，並且在相對較短的時間內看到成果，跟投資成熟市場比起來更有效率。

她也提醒，小額投資人先不要考慮基金是否要做「股債配置」。股債配置的精神在於避險，也就是把部分資金放在保守的公債基金，以避開市場風險；但是，這類基金非但看不到理想報酬率，還要支付手續費，反而成了負擔。

137

因此，在準備投資之前，蕭碧燕建議先全盤清點自己的資金狀況，除了必要生活費外，還要先撥一部分金額當作緊急備用金，做為將來可能失去工作收入或有緊急支出的準備；例如你每月生活費2萬元，想要預留12個月的緊急備用金，就可以撥出24萬元，放在銀行定存等零風險的地方，即是最佳的避險動作。剩下多餘的閒錢，再拿去投資基金，這種金錢運用方式最適合小額投資人。

原則2》只買績優生
短中長期績效都要在前段班

決定了市場，接下來要選哪一檔，不能只看最近幾個月的表現，也要看長期績效。如果經歷多頭和空頭，表現都優於其他同類型基金，這種績優生才值得出手；蕭碧燕建議，可以按長期、中期、短期績效來篩選。

長期：按3年或5年績效，選出排名前1/2的基金。

中期：再按1年或2年績效，選出排名前1/2的基金；若長期績效所選出的基金不在此範圍內則剔除。

短期：最後按6個月績效，選出排名前1/2的基金；若中期績效所選出的基金不在此範圍內則剔除。

此篩選方式也可彈性調整，如果你要買的基金類型範圍太大，按排名1/2的條件篩選出的數量太多，則可以調整為1/4。

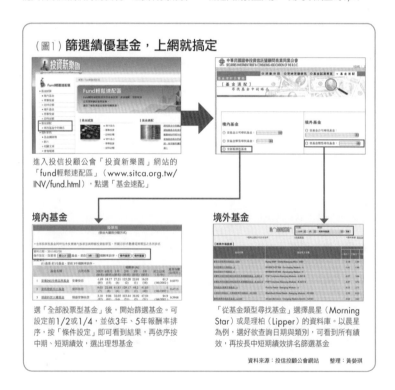

（圖1）篩選績優基金，上網就搞定

進入投信投顧公會「投資新樂園」網站的「fund輕鬆速配區」（www.sitca.org.tw/INV/fund.html），點選「基金速配」

境內基金

選「全部股票型基金」後，開始篩選基金。可設定前1/2或1/4，並依3年、5年報酬率排序，按「條件設定」即可看到結果，再依序按中期、短期績效，選出理想基金

境外基金

「從基金類型尋找基金」選擇晨星（Morning Star）或是理柏（Lipper）的資料庫。以晨星為例，選好欲查詢日期與類別，可看到所有績效，再按長中短期績效排名篩選基金

資料來源：投信投顧公會網站　整理：黃鎣琪

② 紀律扣款》隨時可進場，賠錢不停扣

「我想扣定期定額，但是最近漲太多了，我能不能等到低點再進場？」蕭碧燕經常碰到投資人問這類問題，她強調，低點進場的規則絕對沒有錯，但最大的矛盾就是很少人真正做得到，「多數投資人都是多頭積極、空頭保守，你把握空頭市場時有勇氣進場嗎？」如果投資人能這麼神準，預測現在進場就能立刻趕上市場反彈的漲幅，真有這種功力，也不需要買定期定額了，直接買單筆可以賺更多。

蕭碧燕指出，採用定期定額，正是為了克服市場起伏，如果一心想著低檔再買，就會想等到更低點再進場，當市場突然反彈時，

很容易錯過最甜美的好時機。所以，只要願意承認自己無法預測市場高低點，又想確實累積金錢的人，無論任何時機，都適合開始進行定期定額扣款，並且至少扣滿3年，才能經歷一個市場的景氣循環。

開始扣款之後，可能會遇到市場正在結束一個循環，淨值逐漸下跌，帳面上出現負報酬，此時也要保持鎮定繼續扣款，因為這正是買進更多單位數的時機，同時能累積夠多的投資部位；等到市場回春，淨值開始上揚，就能看到亮麗的成績，這就是所謂的「微笑曲線」。千萬不能中途放棄停扣，不僅前面白忙一場，還倒賠本金。

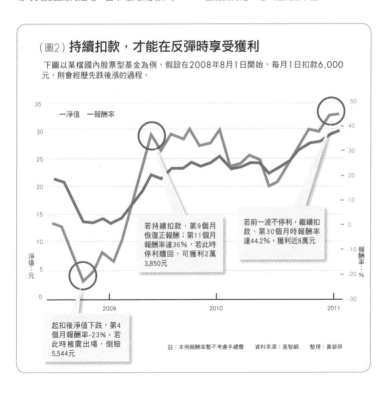

（圖2）**持續扣款，才能在反彈時享受獲利**

下圖以某檔國內股票型基金為例，假設在2008年8月1日開始，每月1日扣款6,000元，則會經歷先跌後漲的過程。

— 淨值 — 報酬率

若持續扣款，第9個月恢復正報酬；第11個月報酬率達36％，若此時停利贖回，可獲利2萬3,850元

若前一波不停利，繼續扣款，第30個月時報酬率達44.2％，獲利近8萬元

起扣後淨值下跌，第4個月報酬率-23％。若此時被震出場，倒賠5,544元

註：本例報酬率暫不考慮手續費　　資料來源：基智網　　整理：黃瑩琪

139

3 確實停利》遇多頭市場，贖回再滾入

獲利並不能只是紙上談兵，蕭碧燕提醒，當基金到達停利標準，一定要落袋為安。以新興市場為例，停利點大約可以設在25%～30%，更積極或更保守的人，當然也可以彈性增減5%～10%。

很多人會煩惱，贖回一筆錢，應該放到哪裡？她建議，當要投資之時，最好能設定好目標。如果是為了儲備房屋頭期款或裝潢費用，時機一到，這筆資金就能拿來用；但若是為了更長期的目標，例如當作20年後的子女教育金，或30年後的個人退休金，那麼這筆錢就可以繼續滾入再投資。方法是把本金與獲利全部贖回，分成36個月，重新進場扣款，等待這筆財富繼續放大。

這個做法還有一個優點，假設3年後，因為生活支出增加，少了可持續投資的閒錢，那麼這筆獲利贖回的現金，就能當作繼續扣款的銀彈，為自己拉長戰線、增加贏面。

> **範例** 王小姐每月扣款基金6,000元，36個月後報酬率20%，她該怎麼做？
>
> **停利→**每月扣款6,000元，36個月報酬率20%，本利和25萬9,200元全數贖回
>
> **再投資→**拆為36個月滾入投資，改為每月扣款7,200元（25萬9,200元÷36月）

蕭碧燕也指出，投資人在實務上，很也容易遇到以下問題：假設每月扣3,000元，一年後，報酬率已達到20%，但是本金只有3萬6,000元，獲利僅7,200元，此時該贖回嗎？

她給了2個思考方向，第一，因為已經到了停利點，可以選擇先贖回；第二，如果投資人認為獲利金額太少，當然也可以繼續放著扣款，參與下一次的景氣循環，等待累積更大的投資部位，最後可看到更豐碩的絕對金額。

4 彈性加碼》遇空頭市場，丟銀彈加速回本

不少經歷過金融海嘯的投資人，都忘不了當時市場急跌的震撼教育，當定期定額基金報酬率一路下探，甚至對半腰斬，蕭碧燕建議，投資人不僅要閉上眼睛續扣，若手邊的資金足夠，還可以利用她提出的紀律性加碼法，幫自己增快回本的速度，步驟如下：

步驟1》決定加碼時機
賠20%就可再進場

加碼當然要是趁市場下跌的時候，方法很簡單，只要觀察自己手上這檔基金的定期定額報酬率數字。蕭碧燕根據自己操作的經驗為例，台股基金的定期定額報酬，大約跌到-30%或-40%，就是加碼好時機。沒有經驗的投資人，則可以直接設定-20%或-30%為加碼點。

步驟2》設定加碼金額
每次投入本金的1/3

加碼金額也要配置得宜，並且按投資本金設定適當比率。例如投資本金12萬元，每次加碼標準即可設定為12萬元的1/3，也就是4萬元，可以獲得較佳的攤平效

果;如果資金不夠多,也可以彈性調整為1/4到1/6,不過若加碼金額過小,攤平效果則相對不明顯。還有,加碼不是只做一次,若市場繼續跌,最好還是有足夠銀彈,能夠隨著跌幅擴大持續加碼,蕭碧燕認為,最好能有5次的加碼金,做為未來逢低承接的準備。

當跌勢產生,到達加碼點,就要按紀律投入加碼金,目的是在淨值便宜的時候,多買一些單位數,攤平買進成本。 **S**

(圖3) 低點彈性加碼,獲利可明顯提高

以某檔亞太基金為例,從2008年5月開始每月扣款6,000元,當定期定額報酬率達到-25%,即加碼已投資本金的1/3。透過試算,開始投資之後,遇到金融海嘯,共有2次加碼機會;若執行加碼,可看到更快速的報酬率反彈。

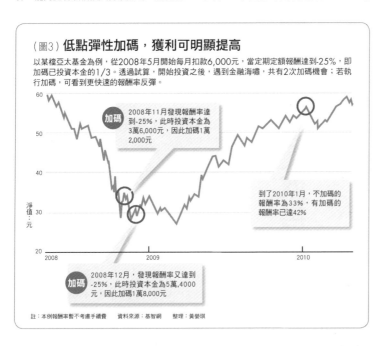

加碼 2008年11月發現報酬率達到-25%,此時投資本金為3萬6,000元,因此加碼1萬2,000元

到了2010年1月,不加碼的報酬率為33%,有加碼的報酬率已達42%

加碼 2008年12月,發現報酬率又達到-25%,此時投資本金為5萬4000元,因此加碼1萬8,000元

註:本例報酬率暫不考慮手續費　資料來源:基智網　整理:黃嫈琪

空頭也值得加碼的基金,必須符合2條件

手上的賠錢基金,是不是要堅持一定等到獲利才出場?其實不必如此,有些基金並不適合這套加碼攤平法,蕭碧燕特別提醒,如果是已經沒有未來的市場,或是同類型績效排名後段班的基金,千萬不要傻傻地繼續丟錢進去,不如趕快處理掉,另外尋找更適合的標的。值得我們碰到空頭市場也要繼續加碼的基金,必須有以下條件:

條件1》前景看好的市場
這類市場即使遇到空頭也會很快反彈,例如內需強勁、有經濟成長潛力的新興市場。

條件2》在同類型基金中名列前茅
檢視基金的績效,如果在同類型基金的短、中、長期績效,都位居前段班,表示在空頭市場的表現優於其他基金,值得繼續買進。

(文◎黃嫈琪)

買台股基金 先看績效再看團隊

幾乎每次演講,都會有投資人告訴我,他們不敢買台股基金,理由有二:1.台股基金經理人異動頻繁,擔心會因此影響基金績效?2.台股基金負面消息時有所聞,常常會在報章雜誌上看到哪家基金公司被處分的消息,感覺很不安心。

老實說,我買過很多台股基金,但我從來不看基金經理人是誰。因為我最在意的是基金績效好不好?基金公司的經營狀況穩不穩定?以及研究團隊強不強?如果一檔基金經理人換掉,我通常會再觀察3~6個月,如果這檔基金的3年績效連續3~6個月,都跌到同類型基金排名的前1/2以外,我就會考慮換掉。

目前在台灣,不論主管機關或是基金業者,都開始往淡化基金經理人角色的方向在努力,但這仍需要一段時間才能見到成果。在此之前,我建議投資人可掌握以下2個原則面對台股基金經理人時常異動的現象:

原則1》投資台股基金先看績效、再看公司,而非選基金經理人

基金經理人的更換或許會對基金績效有影響,但這應該是短期因素,如果基金績效在半年內仍然可以維持在同類型基金的前1/2,就表示基金的運作已經有一定機制,且能反映公司整體研究團隊的成績和投資邏輯,相對而言,基金經理人對績效的影響力則會愈來愈小。

舉例來說,《Smart智富》「台灣基金獎」2008年開始頒發「基金研究團隊獎」,「基金金鑽獎」則在2006年停頒「最佳基金經理人」獎項,為什麼會這樣?我認為,一方面是因為基金獎本來就是在彰顯研究團隊的重要性,另一方面則是希望投資人能打破追逐「明星」基金經理人的迷思。

至於用績效挑台股基金的方法,我通常會用以下2個步驟:①透過投信投顧公會網站,篩選出3年期、1年期和6個月期基金績效排行在前1/2的名單(詳見圖1);②再從這些排名前段班的基金中,挑選規模較大、歷史較久、品牌和形象較佳的基金公司。

原則2》不要隨著經理人跳槽或離職,就任意更改投資標的

基金經理人異動,有很多不為人知的內部因素,投資人沒有必要隨之起舞。而且用定期定額方式投資基金,不是在炒短線,是一個長期的投資策略,最忌諱將投資標的變來變去,這會打亂整個理財計畫。事實上,投資人只要每個月做好定期檢視績效的基本功,就

不怕基金人事變動的干擾。

依我長期投資台股基金的經驗看，長期下來，經理人異動對基金績效的影響，真的是微乎其微。因此，我認為，台股基金經理人更換的訊息，只要基金公司按照法規公布就可以了，不見得要強制基金公司主動告知每個投資人，因為這樣反而會影響投資人的心理。

另外，台灣投資人對台股基金經理人異動很困擾，卻不擔心境外基金發生同樣情形，這現象也很奇怪。深入分析，我認為，主要有以下3個原因：

1.法令規範不同：過去主管機關規定每檔國內基金必須要有1個基金經理人，而且只能操作1檔基金，如果這檔基金績效很好，在投資人口耳相傳下，這位經理人就可能會變成明星。但境外基金很少是單一經理人負責操作，而是採整個研究團隊負責管理的方式在運作，因此，就算有掛名的基金經理人，這些人的角色大部分也是執行團隊的投資決策，或是協助公司進行基金投資觀點的巡迴說明（Road Show）而已。

2.金融監理邏輯不同：台灣法規是正面表列，採取事先防弊立場。但國外法規是負面表列，採取先信任的態度，但若發生問題都是重大事件，像是2008年的馬多夫龐氏騙局（詳見名詞解釋）。

3.資訊取得性和透明度不同：台灣投資人可以透過投信投顧公會、投信公司網站或是財經媒體，得知台股基金經理人異動的消息。但是境外基金如果有經理人異動、甚至是合併的消息，通常台灣投資人相對較不容易取得相關的資訊，在時間上會落後許多。

因此我必須再次強調：只要一家公司的營運管理制度很完善、投資研究團隊的能力堅實，基金經理人流動率高低就不那麼重要。因為公司制度和投資哲學，是帶不走的。

（fundclass_smart@bwnet.com.tw） ⑤

名詞解釋

龐氏騙局

這個名詞是從Ponzi Scheme而來，這是一種詐欺式的投資運作，在台灣俗稱「老鼠會」。投資人要先付一筆錢作為入會費，但是之後所領取的獲利，是來自於其他新加入會員的會費，而非公司本身實際透過投資所賺到的錢。

圖1 自己動手挑績優台股基金

步驟1》
連結至投信投顧公會網站的「投資新樂園」專區（www.sitca.org.tw/INV/fund.html），點選「基金速配」

步驟2》
從「境內基金」選項中的「從基金類型尋找基金」，選擇「台大版本」，按下「確定」之後，就會出現下方的基金類型，然後點選「科技類」基金

步驟3》
設定基金的篩選條件，例如3年報酬率的前1/2，然後按下「條件設定」，就會出現符合篩選條件的基金名稱、所屬基金公司以及各期間的績效表現

資料來源：投信投顧公會　整理：張秋康

社會新鮮人從區域型基金買起

又到了畢業季，一批社會新鮮人投入職場，這些人很多也是投資的新鮮人！如果想早點兒存到人生第1桶金，建議在領到第1份薪水後一定要開始學習理財，至於如何踏出正確的第1步，我認為，投資共同基金是一個最棒的選擇。

如果要投資共同基金，社會新鮮人應該切記以下3原則：

原則1》從定時定額開始，做好長期投資準備

目前大部分銷售機構規定，基金定時定額（詳見名詞解釋）的最低門檻為3,000元，社會新鮮人通常起薪不太高，所以透過小額的定時定額投資，不論個人負擔和風險都相對較低。

同時，定時定額是一個長期投資計畫，不用擔心進場時機點，只要做好長期投資的心理準備，即使剛開始買進就碰到股市下跌，或是遇到盤整期，記得：這都只是投資的過程，不用患得患失。因為用這種方法長期投資下去，幾乎很難失敗！

一般我建議，定時定額投資至少要能夠持續扣款2～3年。因為通常一個景氣循環的週期平均就是3年，就算一開始買在高點，只要花一點耐心，最終還是會嘗到獲利的果實。社會新鮮人也可以把投資基金當作強迫儲蓄，一旦開始投資，才會有參與感，也才會有動力去學習投資理財的相關知識。

如果需要相關投資基金的資訊，可以從投信投顧公會的網站（www.sitca.org.tw）上查詢，可查看到基金相關基本資料，像是基金周轉率、基金績效評比等；也可以向公會索取免費的資料，同樣連結上公會網站，找到「EDM索取」即可；或是參考我的新書《蕭碧燕教你靠基金，小錢也能變大錢》裡面的內容。

原則2》從記帳開始，規畫基金投資預算

社會新鮮人開始有收入之後，固然很開心，但也代表必須開始為自己的人生和財務狀況負責，因此金錢的使用與管理更顯重要。

我建議，一定要先養成記帳的好習慣，透過記帳，區分出什麼是「想要」、什麼是自己「需要」、以及「必要」花的錢，一方面可以避免浪費，另方面可以知道每個月可以拿出多少錢去投資。比如說，每天吃飯是「必要」的，但每個人「需要」吃的分量不同，但是吃大餐就只是「想要」而已，只能偶一為之。

在這裡，我提供3個方法幫助社會新鮮人輕鬆做好收支計畫：

❶先存生活急用金，再開始投資：不論你是否能紀律存錢，建議一定要先存生活急用金，以備不時之需，同時，讓自己不致淪為「月光族」。假設每月薪水有2萬2,000元，「必要」花費是1萬6,000元，建議先把每個月結餘的6,000元全都存下來，等到存滿約當6個月薪水（2萬2,000元×6＝13萬2,000元）的生活急用金後，再開始定時定額投資基金。

❷薪資入帳後先買基金，其他才轉作支出：存妥生活急用金後，如果評估自己是「敗家族」，喜歡亂花錢，那麼建議先把每個月要定時定額投資基金的錢扣下來，剩下的錢才轉作生活支出。如果按前面舉的例子，同樣是薪水2萬2,000元，只要薪水一入帳，就先至少扣下3,000元投資基金，剩下1萬9,000元，才用作生活開支。如果月終還有結餘，就再存起來，可作為後續加碼投資之用。

❸扣除生活費後的餘款，拿出1/2做投資：如果你是謹慎消費的「存錢族」，建議可以把扣除生活開支後的餘錢，至少拿出一半作為未來買基金的預算。假設每個月薪水還是2萬2,000元，減掉生活開支1萬5,000元，剩下7,000元，那麼你至少拿出一半，3,500元投資基金，剩下的3,500元就存起來，如此操作存錢效果會比前一種方法更快、更有效。

原則3》先選新興市場區域型基金，再買成熟市場

多數社會新鮮人剛開始投資，經濟能力只能買1檔基金。我建議，買基金的順序，應該先買新興市場，再買成熟市場。同時，若買單一新興國家因為有太多選擇，所以建議先從新興亞洲、東歐和拉丁美洲等3大新興市場區域型基金開始投資。

另外，有些積極型的社會新鮮人，為了想快速致富，在投資心態上常常操之過急。建議以下兩種情況，必須避免：1.千萬不要借錢投資。如果因為想趕快投資、多賺一點錢，就跑去借錢投資，這樣一來，心理和生活壓力都會很大，還沒理財，就先理債，實在沒這個必要。

2.不要有「可以重來」的想法。很多人說，年輕人投資可以不用怕，可以把錢賠光光再重來。這種論調我堅決反對，記得：投資守則的第1條就是「不要賠錢」！不會因為你年輕就有例外。

（fundclass_smart@bwnet.com.tw）

名詞解釋
定時定額

定時定額的投資方式，是指投資人每個月固定一個時間，例如5號、10號或15號，從銀行的存款帳戶中，扣除一筆固定的金額比如說3,000元或5,000元，去申購共同基金。相較於定期定額的說法，定時定額較不會容易讓人誤解，以為一定要固定扣款滿一個期間（例如要扣滿2年）才行。

投資ETF 透明又省事

去年以來，指數股票型基金（ETF）的表現受到投資人注意，雖然這項商品目前還不能稱為「主流」，但ETF不僅可以用市場區分，也能從商品、投資區域等來區分，種類繁多，因此許多與ETF投資的概念有必要跟大家説明白。

首先，ETF是一種「被動式管理」（編按：指其投資組合與指數內容完全相同，基金績效則追求與指數表現一致，而不是由基金經理人主動進行選股。）的基金，一檔ETF所持有的股票在一段固定期間內，持股內容是固定不變的。

一般來説，ETF的持股期間是一季變動一次，基金公司會在每次持股內容變動時跟投資人預告下次轉換持股的時間，加上ETF所投資的標的多屬大型股，因此，包含投資時間、持股內容等都清清楚楚，非常透明。這就是為什麼國外許多退休基金喜歡買ETF的原因，因為投資ETF對退休基金來説管理很方便，由於大型股流通性高，退休基金追求的又是長線且穩定的報酬，不是100%的高投資報酬率，因此ETF在國外投資市場早已成為一種熱門商品。

ETF的名稱雖然是「基金」，但它的投資方式卻比較偏向股票，因此它可説是股票與基金的綜合體。目前在台灣市場，投資ETF的人多屬於股票族群。另外，還有很多大型機構投資者也偏愛ETF這項產品，因為他們可以透過ETF來進行套利交易。這些大型機構像是保險公司等，他們買了ETF之後，將買來的ETF拿來做「實物交割」，從中套利，賺取價差，這樣的套利行為在國外相當普遍，但在台灣較少見，這也是目前在台灣發行的ETF中，成交量偏低的原因之一。

另外，投資ETF的另外一個特性就是「省事」。當一個投資人想要投資某一個海外股市，卻不知道要買這個市場的哪些股票，要研究又覺得很麻煩，ETF自然就成了最方便、迅速的標的，因為投資者不需要去研究個股就能投資這個市場。例如台灣50（0050），就是把台灣50家績優大型上市公司列入投資組合，省去了選股的困擾。

因此，不少國外法人到一個陌生市場時，他們的首選多是投資ETF，這也是為什麼ETF有很大比重都是機構法人在投資。另外，散戶投資人在考慮將ETF納入資產配置考量時，要特別注意ETF的產品種類相當多，這是因為ETF產品區隔就像基金投資一樣，可從投資區域、國家、投資標的等不同面向來區分。

圖1 **ETF採被動式管理，成本相對低**
ETF、基金、股票三種投資商品比較

	交易成本	管理方式	交易方式
ETF	手續費（1.425‰）＋交易稅（1‰）	被動式	價格在盤中隨時變動，可以直接交易
共同基金	經理費（1.5%）＋保管費（0.15%）＋銷售手續費（0.6%～1.5%）	積極式	依每日收盤後結算的淨值來交易
股票	手續費（1.425‰）＋交易稅（3‰）	積極式	價格在盤中隨時變動，可以直接交易

整理：潘佳凌

圖2 **年初買台灣50ETF，年底賺69％！**

註：此為假設期初投入100元至期末的本利和，計算至2009.12.23　資料來源：晨星　整理：潘佳凌

　　就以「黃金」這個近期最夯的商品來說，從黃金所衍生的產品有黃金基金、黃金存摺，到黃金撲滿等，同樣的，也有黃金ETF這項產品，只不過，黃金ETF、黃金存摺都是直接投資黃金，黃金基金買進標的則是與黃金相關的股票。雖然ETF相關產品這麼多，在選擇上，最終還是要回到每個人的投資屬性。我常說，每個人的「投資習慣」、「知識」、再加上「時間」這個變數，三者交互影響每個人偏愛買的投資產品，有些人偏好投資風險較高的股票，保守的人可能就會投資保險，但最重要的是要了解你所買的投資商品。同樣的，投資ETF這個產品也是要先了解不同ETF的屬性。

　　台灣股市投資人的特性是偏愛快速賺取報酬，但台灣投信、投顧業者發行的ETF多有配息，特性上偏向穩定報酬，使得ETF這項商品在發展上還屬於尷尬階段，市場仍不夠成熟，比較不受散戶青睞。但ETF在成熟國家已廣為一般投資人接受，台灣未來還是有機會發展起來。　　　　　（fundclass_smart@bwnet.com.tw）

基金教母蕭碧燕
定期定額3觀念5原則

撰文：潘佳淩

每一次金融市場重挫，都是對過度樂觀者的教訓，卻也是給長期投資者的另一個賺大錢的好機會。

去年金融海嘯之後，不少基金投資人無法忍受下跌的過程而停扣出場，錯失今年的股市大反彈，相當可惜。所幸市場永遠存在，有「台灣基金教母」稱號的投信投顧公會祕書長蕭碧燕認為，今年第4季到明年全球經濟環境逐漸轉好，現在定期定額買基金放到明年，賺錢機會大增。

蕭碧燕說，從國際貨幣基金（IMF）所公布的經濟預測來看，顯示全球明年的景氣狀況要比今年來得好，包括中國、印度、日本、美國及新興亞洲等幾個重要市場，明年的經濟成長率（GDP）都比今年好，這表示趨勢是往上走，明年景氣看好，只要相信明年景氣會比今年好，現在就可進場投資。

但是，定期定額絕對不適合搶短線操作，與其說定期定額是一種投資，不如說是強迫自己儲蓄的方式。蕭碧燕認為，定期定額的優勢，在於累積的投資部位多，而非比較報酬率的高低，因為投資部位夠大後，賺錢獲利的絕對金額也將相當可觀，藉此可達成人生的理財目標。舉例來說，投資3萬元報酬率100%，與投資100萬元但報酬率達到10%，後者當然意義更大，因為投資的意義，最終是要看你賺進多少鈔票，不是比賽誰的報酬率比較高。

蕭碧燕強調，定期定額投資務必先掌握以下3個重要的觀念。

觀念1》
帳面出現虧損，仍不輕言停扣

蕭碧燕說，定期定額買基金，帳面上隨時可能出現虧損情況，這是因為股市有漲有跌，但隨著股市回升，報酬率就有機會由負轉正。

蕭碧燕 小/檔/案
學歷：淡江大學管理研究所
經歷：安泰投顧理財諮詢部副總、彰銀安泰投信企畫部及壽險通路副總、國際投信企畫部經理、淡江大學講師
現職：中華民國證券投資信託暨顧問商業同業公會祕書長

148

假如投資人從2007年全球金融海嘯之後才開始定期定額扣款買基金，過去一年的時間，投資報酬率應該都是負的，虧損達50%～60%以上的人大有人在，但是，今年以來全球股市從谷底回升，只要堅持下去不停扣，報酬率已由負轉正。

其實，蕭碧燕自己在投資基金的過程中，也曾經出現過帳面虧損50%的經驗，2000年後全球科技股泡沫化，當時她所投資的境外基金帳面虧損5成以上，但是她堅守原則持續扣款，4年之後終於熬出頭，風光獲利出場。

但是每一次的下跌過程都是人性的考驗，投資人經常出現喪失耐心想停扣的心情，每年演講邀約不斷的蕭碧燕，經常在演講結束後，就會有一堆基金投資人湊過來詢問該如何是好，這時她就得苦口婆心的勸告投資人：「跌得愈多，扣款單位愈多，愈能攤低成本，跌得慘反而是撿便宜的好時機。」

因此，定期定額根本不需管進場時機，就算買在相對高點也不必難過，因為只要耐心等待，在下跌過程中累積大量投資部位，會讓你賺到的絕對金額比買在低點的人多，這正是定期定額積少成多的奧妙之處，讓人在不知不覺中存到一大筆錢。

觀念2》
停利不停損，賺了繼續買

除了在低檔時要堅持下去、勇敢扣款之外，懂得執行停利也是真正的學問，當基金投資出現令人滿意的報酬率後，獲利贖回才是王道。但這不意味著停利之後就停止投資，「停利的意義不是把你的勝利果實放在存摺裡，而是要繼續定期定額扣款，把投資部位加大。」蕭碧燕說。

今年在市場回升的過程中，有不少投資人的定期定額報酬率已經達到2成以上，雖然前景看好，但投資人會問：「是否該獲利出場了？」在這個情況下，蕭碧燕建議投資人可紀律性的執行獲利，只要到達一個獲利滿足點就贖回，然後再繼續投資下去，持續地重複這個動作，可以讓投資部位隨著時間增加而擴大，這樣雖然投資人可能少賺，但卻大大降低賠錢機會，「投資要成功，不能只靠專業或看趨勢，最重要的是要有方法，先控制風險，再談獲利。」蕭碧燕說。

觀念3》
用閒錢放長線釣大魚

「如果一筆錢不能等上1年，那就不要投資，把錢好好留在身邊。如果確定手邊的錢3、5年內都用不著，就可以拿來投資。」蕭碧燕說。基金投資必須長期抗戰，但如果借錢來投資，不僅要負擔額外的利息成本，更替自己製造心理上的壓力，影響投資判斷，因此借錢絕非長期投資應該做的事。

觀念釐清後，再來就是挑出優質基金開始進場投資了。蕭碧燕強調，從經濟數據來看，第4季到明年景氣好轉的可能性相當高，全球各個經濟體都在復甦，這段期間各個市場都有上揚的可能性，差別只在於速度上快與慢，因此蕭碧燕建議大家可透過5個原則，來篩選、檢視基金績效。

原則1》從同類型中看相對位置

如果1檔基金的投資報酬率是10%，但同類型其他基金平均是30%，那麼這檔基金的表現只能說差強人意。因此，蕭碧燕建議從長（5年或3年）、中（2年或1年）、短期（6個月或3個月）績效，一關一關來評斷1檔基金的表現，如果1檔基金在長中短期績效都名列前1/2，那麼這檔基金就算是好基金。

步驟1 連上www.sitca.org.tw投信投顧公會網站，於首頁右側點選「基金理財百寶箱」

步驟2 點選基金速配

步驟3 點選「境內基金」→Ⓐ點選從基金類型找基金（以台大版本為例）→Ⓑ點選基金類型（以科技基金為例）

步驟4 設定篩選條件，如1年報酬率的前1/2等依此類推，由長期績效依序選擇中期及短期績效，篩選出優質基金

步驟5 查看基金基本資料，了解基金持股比率，作為投資參考依據

整理：投信投顧公會　整理：潘佳凌

原則2》基金績效差先觀察6個月

如果你持有的基金績效不佳，也不要立刻判它出局，或許可參考蕭碧燕的作法，將基金留校察看6個月，每個月檢視一次，如果手上基金在6個月時間內，都無法擠進3年期績效排名的前1/2，這證明基金經理人投資方向與策略陷入瓶頸，此時就可考慮換基金。

原則3》基金轉換以同類型較佳

如果你的遭遇，需要換1檔基金投資，那麼蕭碧燕建議：「還是從同類型基金著手。」從投資布局來看，每檔基金在資產配置上都有他的戰略地位，因此不要為了1檔基金轉換，而亂了整個布局。

原則4》觀察發行公司的誠信

挑選基金公司要從誠信且合法來著眼，同時它的管理資產規模是否夠大？發行基金是否夠全面性？都必須列入考量，因為定期定額是長期投資，若單一基金績效好但發行公司運行不佳，可能會使得基金績效受影響。

原則5》衡量基金風險

「β值、夏普值、標準差」是用來衡量基金的波動性。蕭碧燕說自己是積極型的投資人，因此，她常以夏普值作為挑選的依據，假設3年期的夏普值愈高，代表該基金每1單位的風險，所能獲得的超額報酬愈高，反之則愈保守。Ⓢ

NOTE

買得多不一定賺得多

基金購物狂 當心套牢在高點

整理：黃鶯琪

作者：蕭碧燕
出版：Smart智富

作者簡介：
現任投信投顧公會祕書長，曾任財政部公職，擁有投信界豐富經歷，擅長觀察財經大勢、精通基金投資，財經媒體尊為「蕭老師」、「基金教母」。她自己實踐的定時定額投資法，從1994年開始，每次出場必定繳出正報酬，賺進千萬以上財富。

編　按：從2005年以來，投信投顧公會祕書長蕭碧燕不斷推行基金定時定額（同定期定額）的投資方法，平均每年演講次數約200場。2011年6月開始，還把演講活動延伸到大學校園，目的是讓年輕學子在進入社會之前，吸收到正確的理財觀念。

如此積極推動基金理財教育，她的理由是，「希望更多在社會底層的家庭，都能靠正確方法，像我一樣脫離貧窮。」幼時曾與家人共擠一張床、沒有棉被蓋，還得跟鄰居借米，蕭碧燕深深體會錢的重要，除了比別人更努力賺錢、存錢，更找出一套容易操作的定時定額基金投資法，靠這套方法投資基金，至今從未嘗過賠錢滋味。

接觸過無數投資人，蕭碧燕發現許多投資失利的個案，都有相同的困擾，在最新力作《蕭碧燕教你靠基金，小錢也能變大錢》中，她從實戰的角度，一一為讀者解析投資上最常碰到的疑難雜症，當你搞清楚了這些心法，會發現，要靠基金賺錢，原來這麼容易。以下為新書內容摘錄：

有一對開藥局的37歲夫妻，年收入很不錯，一年約有400萬元。為了累積退休金及兩個小孩的教育經費，每月花20萬元定時定額買

基金。只是，他們一共買了30檔這麼多，面臨不知道該如何管理的難題；我看了他們的基金配置，多數買在亞洲，其中印度就占了5檔，很明顯有太高的重複性。

基金買太多、太雜，都是過度投資；此現象最常出現在多頭時期，這好那也好，這檔賺那檔也賺，總覺得好多基金非買不可，於是不知不覺就買過頭。甚至發現一個市場賺很多，就連忙去買第2檔相同市場的基金，所以我也看過有人竟連買了7檔印度基金。

金融風暴之前的5年大多頭，很多人都犯了過度投資的毛病。尤其2006年開始，金磚四國超夯，除了印度、巴西，漲最多的就是俄羅斯，股市一翻再翻，大家瘋狂地跳進去，原本不買的人，也都衝進來買了；中國基金雖然沒有進來台灣，但也引發一波台灣人到香港開戶的風潮。當時，翻開大家的報酬率都非常可觀，可是當行情沸騰時，反而該思考減碼，而不是趕著上車或加碼。

基金配置沒有秩序
不賺反賠

那一波瘋狂搶購的買氣，就像超市大拍賣搶了一堆菜，連是不是瑕疵品都沒有時間看；搶一堆回來之

後，才發現家裡冰箱裡還有好多，最後因為沒空處理，只能放到爛掉。這種不理性態度買到的商品，很容易讓你不賺反賠，因為買太多、太雜，配置沒有秩序，就會打亂投資應該維持的步調。

過度投資還會導致一個嚴重的後果，市場下跌時，很可能會因為資金不足而停扣，失去在低點買進的絕佳時機。我通常會教投資人，把能投資的錢算清楚，分成36份逐月買，至少買3年；多頭時有紀律地一份一份買，空頭時再把後面幾份資金挪來扣，加速攤平成本，才可以避免都買在高點。但是如果你反而選在行情最熱時加倍買進，原本要扣3年的資金很可能在1年內就扣完了，若剛好又碰到市場往下跌，基金又負報酬，沒錢可扣的下場就是套牢。

這毛病不是外行人才會犯，我認識一位財經線記者，天天跑基金新聞，也很清楚定時定額的操作方式，卻在行情最熱時買了很多，金融海嘯也停扣了。他告訴我，雖然心裡很清楚不可以，可是除了定時定額，還有不定期的單筆投資，因為實在買太多，即使積蓄還夠，但碰到2008年那種跌勢，很難不害怕，可說是人性最難克服的弱點。

狀況1》買太多
重新評估扣款金額、標的

通常基金跌深之後，投資人才會想要檢討，此時可能已經賠一半以上了，變成拿一堆錢去市場上送給人花用，這是瘋狂的結果。針對基金買太多、支出已經超出能力的投資人，建議照以下2個步驟進行：

步驟1》重新檢視扣款能力

過度投資就是超出了能力範圍，首先應重新檢討自己每月能扣多少錢，再砍掉沒辦法負荷的部分。例如，1個月只能扣2萬元，實際上扣了5萬元，這多餘的3萬元就應該砍掉。

步驟2》基金配置汰弱留強

翻開你的基金配置，判斷有題材、有未來、可以很快反彈、在同類型中績效表現優秀的基金，留下繼續扣款；前景不明、績效表現落後的基金則淘汰。

淘汰的基金有2種處理方式，第一種是認賠殺出，適用於長期難以反彈的疲弱市場，例如日本；這些錢拿回來，可以做更有效率的投資，因此不值得長時間等待。第二是停扣等待出場時機，由於停扣之後等於變成一筆單筆，回本的時間會很長，適用於短中期有機會反彈的市場。

狀況2》買太雜
按需求比率分配扣款

有足夠的錢可以扣款，但是買得太雜，怎麼辦？以我一開頭提到的藥局夫妻為例，他們的30檔基金都集中在亞洲，就像蹺蹺板全部壓在同一邊；雖然近幾年亞洲市場表現突出，但以每月扣款20萬元來看，應該可以完美布齊3大新興市場區域（編按：拉丁美洲、新興亞洲、新興歐洲），之後再加買看好的市場。

這30檔基金的管理辦法，其實很簡單，就是分離帳戶；我常說人生有3本存摺：「子女教育金」、「退休金」、「為非作歹」共3

基金買太多、太雜，都是過度投資。當行情沸騰時，反而該思考減碼，而不是趕著上車或加碼。

本，只有最後一本可以拿來花，另外2本都是長期經營，必須等時間到了，才能「專款專用」，特別適合意志力不足的人。

由於他們的目的是用基金存到月領10萬元的退休金，以及兩個小孩的教育經費各800萬元，建議可以將每個用途各開一個基金帳戶。我試算過，假設退休後預計再存活35年，退休前就要累積到4,200萬元退休金（35年×10萬元×12月），以及1,600萬元教育經費，共需要5,800萬元；那麼，從37歲開始扣款，每月扣18萬元，在年化報酬率12%的條件下，可在52歲時達到目標。

4,200萬元退休金與1,600萬元教育經費的比例，約為2：1，每月20萬元的金額，則可依需求比率分配扣款（詳見圖1）。

提醒你，退休金投資務必提前收網，不要到了前1年，還一直把錢滾下去投資；畢竟退休那一刻，不一定是適合贖回的時機。可以提早將錢慢慢贖回，放在定存等安全無風險的地方，確保每月有穩定的退休金可領。

我個人還會再去計算勞保，加上年金險，至少可以月領3萬元，已經夠日常生活費了。到時候，房貸、保險都繳完，醫療也有保險，而我自己靠投資多存的退休金，就是可以多花的錢，也提供投資人做為參考。

短期要動用的資金
不適合定時定額

如果是短時間內就想拿來花用的結婚基金或房屋頭期款，不建議透

圖1 先算出需求金額，再規畫基金配置

範例

37歲夫妻，年收入約400萬元。為了累積退休金及兩個小孩的教育經費，每月花20萬元定時定額買基金。建議分離基金帳戶管理如下：

退休金戶戶	教育金帳戶1	教育金帳戶2
比率約2/3，扣14萬元	比率共1/3，各扣3萬元	
❶ 退休金是老本，存進去就不亂花 ❷ 建議退休前5年，可以慢慢收網，也就是轉到無風險的產品上	❶ 用小孩的名義存，也可鼓勵小孩把零用錢、壓歲錢存起來 ❷ 兩個帳戶內的基金，建議做一模一樣的配置	

基本配置

布齊3大核心新興市場

重點加碼

加買衛星基金

經濟能力足夠的投資人，可針對看好的市場或產業進行加碼。例如看好印度，甚至能直接買短、中、長期績效表現著名的基金。當然，如果認為自己無力管理，則不需要增加太多基金

資料來源：《蕭碧燕教你靠基金，小錢也能變大錢》　整理：黃瑩琪

過定時定額來存錢，畢竟沒人能保證1年或2年後恰好是正報酬。因為剛投入的時間很可能是景氣循環的高點，若出場時遇到低點，或報酬率只有個位數，相信投資人也不願意把錢拿回來用，建議還是以長線規畫來考量。

此外，也要注意目標報酬率不要訂得太高。有個投資人，打算在5年繳清230萬元房貸，並且結婚生子。經過試算，假設他每月扣款2萬元，年化報酬率12%，6年後只能累積到192萬元；想要達到目標，必須提高扣款金額，或是提高報酬率才行，而這都不是非常容易的事。

經濟能力足夠的投資人，可針對看好的市場或產業進行加碼。例如看好印度市場，甚至能直接買短、中、長期績效表現前半段的基金。當然，如果認為自己無力管理，則不需要增加太多基金。

建議算清楚能用的投資本金，並試算未來報酬，別輕易訂下達不到的目標，投資才會更有效率。畢竟定時定額不是萬能的，太過好高騖遠，不妨偶爾買買樂透吧！

（本文摘自第3篇）

▲蕭碧燕只要紀律時定額投能跟著景穩健獲利

NOTE

NOTE

NOTE

NOTE

NOTE